모스에서
잡스까지

**모스에서
잡스까지**

초판 1쇄 펴냄 2018년 12월 14일
　　3쇄 펴냄 2024년 9월 9일

지은이 신동흔

펴낸이 고영은 박미숙
펴낸곳 뜨인돌출판(주) | 출판등록 1994.10.11.(제406-251002011000185호)
주소 10881 경기도 파주시 회동길 337-9
홈페이지 www.ddstone.com | 블로그 blog.naver.com/ddstone1994
페이스북 www.facebook.com/ddstone1994
대표전화 02-337-5252 | 팩스 031-947-5868

ⓒ 2018 신동흔

ISBN 978-89-5807-702-2　03500

모스에서
잡스까지

신동흔 지음

뜨인돌

머리글

인류는 어떻게
무한 소통의 시대를 맞이했을까

"식량을 채집하던 인간은 뜻밖에도,
정보를 수집하는 인간으로 전환된다."
– 마셜 매클루언, 『미디어의 이해』에서

캐나다의 저명한 언론학자이자 문명비평가인 마셜 매클루언의 이 말은 예언처럼 들린다. 그는 스마트폰은커녕 컴퓨터도 제대로 보급되지 않았던 시대를 살았지만 마치 21세기에 살고 있는 양 이 말을 남겼다.

인류 역사상 지금처럼 정보에 대한 욕구가 폭발한 시기는 없다. 정보가 무수히 넘쳐난다. 인간은 곳곳에 위치와 신상 정보, '셀카' 이미지 같은 데이터를 뿌리면서, 동시에 맹렬하게 데이터를 수집하고 다닌다. 우리는 잠시도 쉬지 않고 스마트폰으로 통화하고 인터넷을 검색하며 동영상을 시청하고 게임을 즐긴다.

2007년 스티브 잡스가 아이폰을 처음으로 세상에 선보인 이래, 대부분의 사람들이 하루 24시간 '접속'된 상태로 살아간다. 스마트폰은 단순 통화뿐만 아니라 사용자 위치나 발걸음 수, 심장박동 수, 얼굴 모양 같은 정보를 모니터링해 끊임없이 데이터로 만들고 있다. 이제 이 전자 기기는 인간 정체성의 일부로까지 받아들여진다. 지금 당장 옆 사람의 스마트폰을 빌려 화면을 켜보라. 같은 기종이라도 깔려 있는 앱의 종류와 개수, 화면 구성이 달라 낯선 느낌이 들 것이다. 사람마다 사용하는 방식이 다르기 때문이다. 우리는 이처럼 어느 순간 각자의 디지털 정체성을 갖게 되었다.

필자는 중앙일간지 기자로 방송·통신 기술과 미디어, 콘텐츠 분야를 주로 담당하며 수많은 제품과 서비스, 기술에 대한 기사를 써왔다. 그러면서 마음에 불편한 구석이 있었다. '나는 과연 이 기기들의 작동 원리에 대해 얼마나 알고 있나.' 문과 출신 특유의, 이른바 '문송(문과라서 죄송)'한 느낌이었다. 도저히 따라갈 수 없을 것 같은 기술의 진보 앞에서 넋을 잃기도 했고, 앞으로 무슨 일이 더 벌어질지 궁금해하며 상상의 나래를 펴기도 했다. 도대체 어떤 원리로 이 작은 물건이 구동되는지 알고 싶어 취재원인 엔지니어들에게 이것저것 꼬치꼬치 물으며 귀찮게 한 적도 있다.

직접 한번 공부를 해보기로 했다. 『전기란 무엇인가』 같은 개론서부터 반도체 원리에 대한 전문 서적들까지 뒤졌다. 하지만 이 어쩔 수 없는 문과생은 이번에도 기술 원리보다는 전기통신 기술이 인류의 삶을 어떻게 바꿨는지, 인류는 이후 어떻게 변화했는지에 더 많은 관심을 갖게 되었다. 간단한 기술 원리만 이해한 뒤에는 역사와 사회적 배경, 당시를 살았던 사람들 사이에 어떤 일이 벌어졌는지에 더 관심을 쏟았다.

예컨대 전신은 수단만 전기로 바뀌었을 뿐, 봉화의 원리와 다르지 않았다. 연기를 피우거나 스위치를 켜면 '1', 연기를 없애거나 스위치를 끄면 '0'인 이진법의 세계이기도 했다. 원시적인 정보통신 기술 내부에 이미 디지털의 가능성이 숨어 있었던 것이다. 뒤를 이어 음성을 전달하는 전화가 나왔고, 그다음엔 무선통신 기술이 등장했다. 이 모든 일이 1840년대에서 1910년대까지 반세기 남짓한 기간에 벌어졌다. 한 사람의 생애에 불과한 시간 동안 이뤄진 이 비약적인 변화는 최근 인공지능이 불러오고 있는 변화와는 비교할 수 없을 정도로 큰 격차였을 것이다.

이 시기는 인류가 기술적 진보를 이룬 시기이면서, 정치적으로는 민주주의가 확대된 시기였다. 기술의 진보는 인류에 자유를 가져다주었다. 하지만 미국 남북전쟁과 제1·2차세계대전 등을 치르면서 인간 종족이 과학기술의 발전으로 얻은 자신들의 무서운 능력을 확인하는 시기이기도 했다. 정보통신 기술은 전쟁의 성격과 인명 살상 규모를 바꿔놓았다. 남북전쟁에서는 처음으로 전신 기술이 전쟁에 도입되어 북군의 승리를 이끌었고, 1차대전에선 무선통신이 본격적으로 전쟁에 활용되면서 대규모 군사작전이 가능해졌다. 컴퓨터의 핵심적인 아이디어는 2차대전 중 비밀 통신을 위한 암호 기술을 개발하는 과정에서 등장했다.

미리 고백하자면, 공학기술에 대한 무지를 깨닫고 공부를 시작한 문과생은 이번에도 옆길로 새고 말았다. 하지만, 이는 결코 무의미한 것이 아니었다. 어떤 기술을 이해하는 데 있어 그 역사적 사회적 배경을 함께 이해하는 것도 빼놓을 수 없는 일이었다. 덕분에 새뮤얼 모스에서 스티브 잡스에 이르는 시대를 연관성을 갖고서 바라볼 수 있었다. 4차 산업혁명의 시대로 불리는 요즘, 우리가 겪고 있는 변화를 객관적으로 보는 데도 큰 도움이 되었다.

정보통신 산업의 태동기와 지금을 비교하면 기술에서의 격차는 매우 크지만, 상상력에 있어서는 옛 사람들도 결코 뒤지지 않았다. 유명한 발명가들이 모두 과학자나 공학자였던 것도 아니다. 전신을 발명한 모스는 화가였고, 전화를 발명한 벨은 장애인 학교의 교사였으며, 잡스는 인도의 종교와 디자인에 빠져 젊은 시절을 보냈다. 그들은 기술자라기보다는 기술에 대한 이해력을 가진 인문학자라고 보는 것이 더 적합할지도 모른다. 공부를 하며 필자가 발견한 세상 역시 기술 공식이나 회로로만 만들어진 것은 전혀 아니었다. 미래는 결국 상상력을 가진 사람이 열어젖힌다. 첨단 IT 기술의 과거 역사를 되짚어 보는 이 책이, 많은 사람들이 기술과 역사를 이해하여 지금보다 더 열린 마음으로 미래를 상상하는 데 도움이 되면 좋겠다.

1장 연결의 시대가 시작되다

태양계의 끝에서 보내온 소식	014
대서양을 건너는 배 위에서	016
아내 잃은 슬픔에…	019
모스전신기도 처음엔 게임기였다	023
전신, 철도와 함께 달리다	026
대서양을 건넌 신호	030
마침내 동서양을 다 연결하다	036
시간 맞추기, 동기화가 시작되다	040
좁아진 세상	045
호모텔레커뮤니쿠스, 통신하는 인간	051
+ 더 읽기 통신, 체제 유지의 수단	056

2장 전기, 소리를 실어 나르다

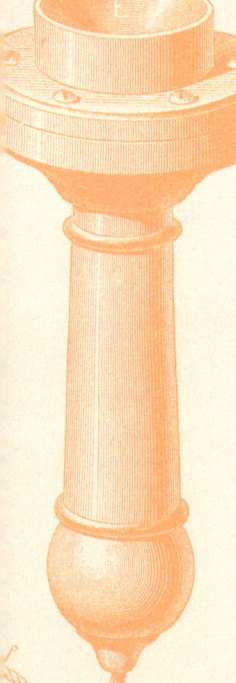

목소리와 권력, 그리고 테크놀로지	062
소리를 전기신호로 만들다	067
전화기와 축음기, 아이폰과 아이팟	073
소리를 담다	077
AT&T와 웨스턴유니언의 엇갈린 운명	080
사람들은 처음부터 통화보다 메시지를 선호했다	084
"당신의 목소리가 당신입니다"	086
+ 더 읽기 '헬로'는 에디슨이 만든 말	090

3장 무선의 시대로

끝나가는 미지의 세계	096
대서양에서 벌어진 추격전	097
타이태닉호의 전설	100
눈에 보이지 않는 세계와의 만남	104
마르코니가 꽃피운 전신 기술	107
점점 좁아지는 세계	110
해커의 정신적 조상, 아마추어 무선기사	113
라디오의 시대가 열리다	117
1차대전과 라디오의 보급	120
무엇을 들려줄 것인가	124
라디오, 재즈, 흑인 인권운동…	128
TV의 태동기	131
불운했던 TV의 아버지	134
+ 더 읽기 전파란 무엇인가	138
+ 더 읽기 진공관 시대에 이미 완성된 전자 제품의 기본 원리	142

4장 통신 기술이 만든 현대사회

정보를 수집하는 인간	146
전기통신 기술 이전의 세상	148
정보를 갈구하는 인간	152
일기예보, 빅데이터… 정보가 많아질수록 세상은 좁아진다	156
전화 산업의 부산물, 고층 빌딩	158
전화 보급의 잊힌 공신, 교환기와 교환수	163
기계식 교환기를 만든 장의사	165
진공관 시대를 지나서	169
게르마늄밸리가 아니라 실리콘밸리	171
아이디어 팩토리, 벨 연구소	175
실리콘밸리의 탄생… 디지털혁명이 시작되다	180
페어차일드의 시대가 열리다	182
암호화는 통신의 숙명	185
암호화 기술이 만들어낸 디지털	188
컴퓨터는 원래 사람을 지칭하던 단어	192
+ 더 읽기 여성의 사회 진출은 전화 산업에서 시작	196

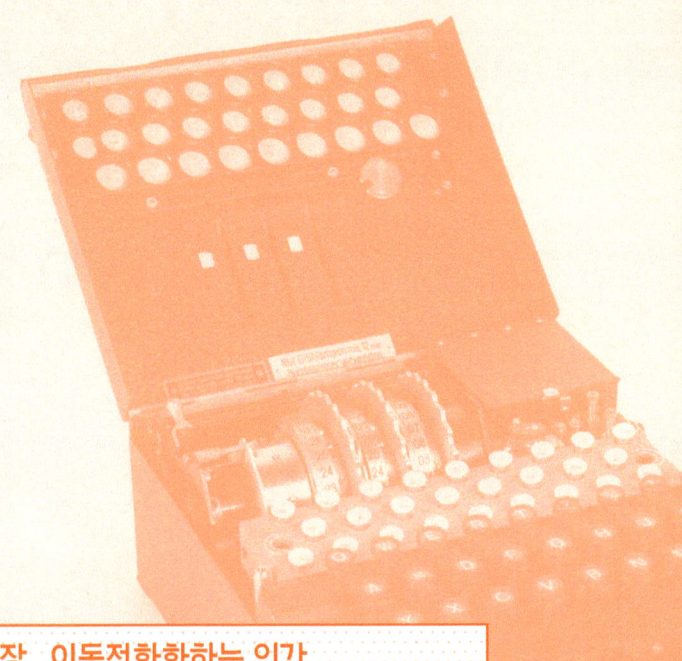

5장 이동전화화하는 인간

모스의 전신에서 잡스의 아이폰까지	202
아이폰, 전화 산업을 바꾸다	204
통신망의 진화가 불러온 스마트폰 시대	207
AT&T를 해킹했던 소년, 전화 산업을 바꾸다	210
전화가 바꿔놓은 미디어의 일상 풍경	214
스마트폰과 재스민혁명	217
파이프라인에서 플랫폼으로	221
가짜뉴스의 시대	226
최첨단 5G까지 온 이동통신 기술	231
인터넷보다 빨랐던 비둘기, 이를 닮은 드론	232
우리 앞에 펼쳐질 세상	236

주석·참고문헌 239

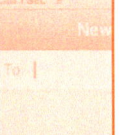

chapter 1

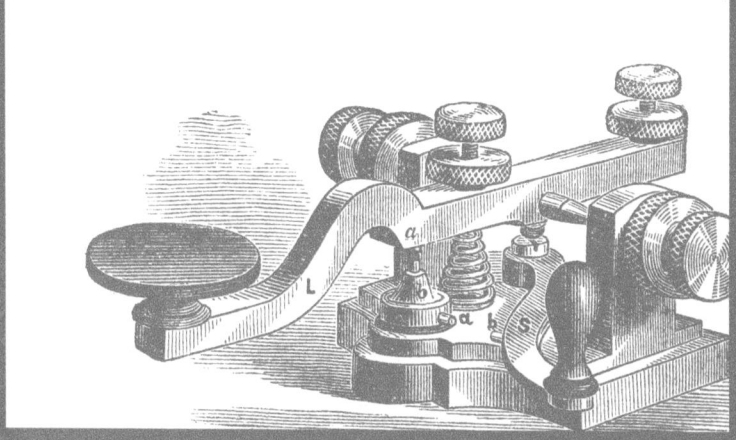

연결의 시대가 시작되다

태양계의 끝에서 보내온 소식

2015년 여름, 미국의 무인 우주선 '뉴허라이즌스(New Horizons)'가 명왕성에 도착했다. 2006년 1월 지구를 떠난 후 9년 6개월 만에 태양계 외곽에 있는 별에 도착한 것이다. 지구로부터 떨어진 거리는 50억 킬로미터. 총알보다 10배 이상 빠른 시속 4만 8000킬로미터의 속도로 거의 10년을 날아간 것이다. 그 까마득한 거리를 고려해볼 때, 뉴허라이즌스가 전송한 사진을 우리가 안방과 사무실에서 신문과 TV, 인터넷으로 볼 수 있는 이 현실이 '비현실적'이라는 생각마저 든다.

명왕성은 직경이 2300킬로미터에 불과한, 미국 알래스카보다 약간 큰 꼬마별이다. 뉴허라이즌스는 그 표면 상공에서 2시간 동안 회전하며 사진을 찍고 측량한 데이터를 지구로 보냈다. 별의 모습도 신기했지만, 태양계 끝에서 보낸 사진이 꽤 선명하다는 사실이 더 놀라웠다. 저런 고화질 사진을 어떻게 지구로 전송했을까.

먼 우주에서 보낸 무선 신호를 지구에서 받는 원리는 사실 우리가 휴대전화로 음성과 데이터를 주고받는 원리와 크게 다르지 않다. 우리가 받아 본 그 선명한 사진의 이미지 데이터는 우주를 가로지르는 전파에 실려 4시간 반을 날아 도착했다. 이는 1초에 지구를 7바퀴 반 돈다는 빛과 동일한 이동 속도다. 다만 지구에서와 달리 우주에서 잘 뻗어나갈 수 있는 성질을 가진 주파수 대역을 사용하고, 먼 우주 공간을 날아오는 동안 약해진 신호를 수신하기 위해 어마어마한 크기의 안테나 여러 대를 이용했다는 점 등에서 차이가 날 뿐이다.

인간이 보고 들을 수 있는 영역은 이제 태양계를 벗어나 더 먼 우주로 나아가고 있다. 인류가 동굴에서 생활하던 시절, 미지의 땅을 찾아 먼저 동굴을 나섰던 그 누군가는, 바깥에서 무언가를 발견한 뒤 동굴에 남아 있는 친구들을 향해 "이리 와봐!"라고 소리 높여 외쳤을 것이다. 뉴허라이즌스가 보낸 사진은, 동굴에 남아 있는 동료들을 향해 먼 미지의 세계로 함께 가자고 외쳤던 그 태초의 커뮤니케이션 행위와 본질이 다르지 않다.

과거의 커뮤니케이션은 얼굴이 보이고 소리가 닿을 수 있는 영역이라는 한계를 벗어나지 못했다. 반면, 전기통신 기술을 이용한 텔레커뮤니케이션 기술은 시간과 공간을 초월해 더 많은 사람과 소통할 수 있는 기회를 줬다. 그 결과, 철도 교통이 빠른 속도로 확충되었고, 매우 강력한 중앙집권 체제를 갖춘 근대국가가 탄생할 수 있었다. 정보통신 기술 덕분에 '현대'가 탄생했다고 해도 과언이 아니다. 21세기에 들어와 우주 개발뿐만 아니라 우리가 일상에서 사용하는 인터넷과 스마트폰, 컴퓨터의 등장에 이르기까지, 그 중심에는 전기통신 기술의 눈부신 발전이 있었다. 일단, 그 시작점으로 가보자.

대서양을 건너는 배 위에서

모든 것은 유럽에서 미국으로 돌아오는 배 위에서 시작되었다. 1832년 10월, 프랑스에 머물던 미국인 새뮤얼 모스Samuel F. B. Morse는 증기여객선을 타고 미국으로 돌아오고 있었다. 그는 원래 초상화가로, 미국 국립디자인아카데미의 초대 회장까지 역임한 거물이다. 당시는 프랑스로 건너가 3년을 머물고 돌아오는 길이었다.

이 배 위에서 모스는 '운명적 만남'을 갖게 된다. 전자석과 전기 현상에 관한 해박한 지식을 가진 보스턴 출신 과학자 찰스 토머스 잭슨Charles Thomas Jackson 박사를 만난 것이다. 당시 인류는 새롭게 발견한 전기라는 에너지에 열광하고 있었다. 수많은 발명과 발견이 이뤄지던 시대였다. 교양인들은 사교 클럽이나 카페에서 역사와 문화에 대한 지식과 함께 과학기술에 대한 해박한 지식을 나누었다. 과학 분야에선 전기에 대해 많은 이들이 관심을 갖기 시작했다. 오래전부터 유럽의 마술사들은 무대에서 전기를 이용해 번쩍거리는 섬광을 만들어낼 줄 알았다. 토머스 에디슨이 발명한 전구는 애초 이렇게 눈요깃거리로 만들어진 섬광을 오랜 시간 붙들어둘 수 있는 기술을 개발한 것으로 보면 된다.

모스는 잭슨 박사에게 전기를 발생시키는 전자석의 원리를 듣자 큰 충격을 받고 흥분에 휩싸였다. 특히 전깃줄만 있으면 전기가 순식간에 아주 먼 곳까지 전달될 수 있고, 전선에 전류를 흘려 보내면 전선 끝에 연결된 금속판이 자기장에 의해 붙었다 떨어졌다 하면서 '뚜뚜뚜뚜' 소리를 낸다는 이야기를 듣고는 번뜩 아이디어를 떠올렸다. '전깃줄만 있으면 원하는 곳에 전기를 보낼 수 있다는데, 이 전기를 나타나게 할 수도, 없앨 수도 있다면 다양한 신호를 조합하는 일이 가능하지 않을까.' 그가 화가였다는 것은 인류에게 무척 다행스러운 일이었다. 그는 아이디어가 떠오르자마자 스케치북에 거친 형태로 부호를 써 내려갔다. 그 유명한 '모스부호'가 탄생하는 순간이었다. 그는 이 배 위에서 자신이 구상한 초창기 전신(電信) 장치의 스케치를 완성해냈다.[1]

비록 전기 분야 전문가는 아니었지만 모스의 생각은 틀리지 않았다. 전자석은 아주 약한 전류만 흘러도 자기장을 만들기 때문에 신호를 보내는 데 적합한 수단이었다. 전자석의 한쪽 끝에 가벼운 금속 막대를 지렛대처럼 설치하면 전기를 연결시켰다가 끊었다가 하는 스위치로 쓸 수 있다. 금속 막대가 전자석과 접촉하고 전자석에

금속 막대가 전자석과 접촉하고 전자석에 전류가 흐를 때마다 버저 소리가 들리는 원리를 모스는 이미지로 구상했다. 이 전기 신호음의 길이에 따라 긴 것은 선으로, 짧은 것은 점으로 표시하고, 그것들을 다양하게 조합하여 각 문자와 숫자에 할당한 것이 바로 모스부호였다. 그는 화가였기에 이 모든 구상을 순식간에 한 장의 그림처럼 머릿속에 떠올렸을지도 모른다.

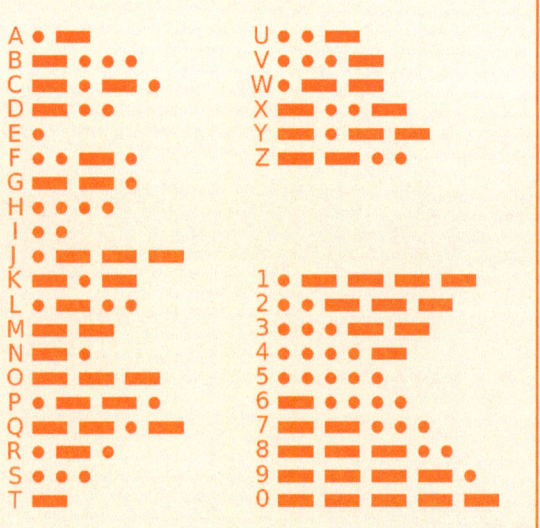

전류가 흐를 때마다 버저 소리가 들리는 원리를 모스는 이미지로 구상했다. 이는 지금까지도 쓰이는 버저(buzzer)의 원리다. 이 원리를 이용해 긴 전선의 양쪽 끝에서 신호를 보내고 받을 수 있지 않을까 하고 모스는 생각한 것이다. 여기에 서로 약속한 부호만 있다면 다양한 이야기를 주고받을 수도 있을 것이다. 이 전기신호음의 길이에 따라 긴 것은 선으로, 짧은 것은 점으로 표시하고, 그것들을 다양하게 조합하여 각 문자와 숫자에 할당한 것이 바로 모스부호였다. 그는 화가였기에 이 모든 구상을 순식간에 한 장의 그림처럼 머릿속에 떠올렸을지도 모른다.

아내 잃은 슬픔에…

모스는 프랑스에 가기 전, 아내를 잃는 큰 슬픔을 겪었다. 그는 아내가 위독하다는 전갈을 늦게 받은 탓에 임종을 보지 못한 것을 두고두고 안타까워했다. 유명 정치인의 초상화를 그려주느라 워싱턴에 머물고 있었는데, 고향에 있는 아내가 위독하다는 소식을 우편으로 뒤늦게 받은 것이다. 편지를 받고 곧바로 집으로 달려갔지만 아내의 몸은 이미 싸늘하게 식어 있었다. 이후 그는 어떻게 하면 멀리 떨어진 곳에서도 소식을 빨리 주고받을 수 있을까 하는 생각에 골몰했다고 한다.

모스는 프랑스에 머물고 있을 때 세마포르(sémaphore)라 불리는, 프랑스 전역에 구축된 독특한 커뮤니케이션 시스템을 접한다. 세마포르는 각종 알파벳 신호를 전달할 수 있는 풍차처럼 생긴 건축물로, 일정한 간격으로 높은 곳에 세워놓고 수도 파리에서 결정된 사항을 국가 전역에 전하기도 하고, 지방에서 일어난 일을 파리로 알리기도 했다. 일종의 국가 행정망이었던 셈이다. 커다란 날개가 약속된 신호에 따라 모양을 바꾸는 식이었는데, 이로써 오래된 봉수 시스템보다 좀 더 다양한 내용을 전달할 수 있었다. 이미 망원경이 개발된 시점이었기에 여러 방향으로 꺾이는 날개 모양을 비교적 멀리에서도 확인 가능했다. 이렇게 하면 말을 타고 달려가서 메시지를 전하는 것보다 속도가 훨씬 빨라 국가의 중요 소식을 신속히 전할 수 있었다. 모스가 프랑스 여행 중에 이 시스템에 깊은 인상을 받았다는 이야기가 전해진다. 세마포르는 특정한 각도로 꺾인 날개의 다양한 모양을 개별 문자들에 할당한 시스템으로, 그가 알파벳 하나하나에 대응하는 모스부호를 착안하는 데 영향을 끼쳤을 것으로 보인다.

유럽에서 미국까지, 배를 타고 대서양을 건너는 데는 한 달이 걸렸다. 모스는 미국에 도착할 때까지 충분한 시간을 갖고서 자신의 아이디어를 구체화할 수 있었다. 뉴욕에 도착한 직후 그는 형제들과 함께 사업에 착수했다. 귀국과 동시에 뉴욕 대학교에 미술 교수로 취임했지만, 그림을 그리거나 학생들을 가르치는 일은 뒷전이었다. 요즘으로 치면 교수가 자신의 전공 분야와 전혀 무관한 벤처기업을

> 세마포르는 각종 알파벳 신호를 전달할 수 있는 풍차처럼 생긴 건축물로, 일정한 간격으로 높은 곳에 세워놓고 수도 파리에서 결정된 사항을 국가 전역에 전하기도 하고, 지방에서 일어난 일을 파리로 알리기도 했다. 일종의 국가 행정망이었던 셈이다. 커다란 날개가 약속된 신호에 따라 모양을 바꾸는 식이었는데, 이는 오래된 봉수 시스템보다 좀 더 다양한 내용을 전달할 수 있었다.

세운 셈이었다. 모스는 기술자가 아니었지만, 전기를 이용한 통신 기술의 세계에 완전히 빠져 대학 연구실에 틀어박힌 채 전신 장치를 고안하고 보완하는 데 공을 들였다. 그리고 처음 전신을 구상한 지 5년 뒤인 1837년에 발명 특허를 출원했다. 이후 지속적인 연구 개발을 통해 전신 장비를 개선했고, 약 500미터 떨어진 거리에서 전신을 주고받는 실험에 성공했다. 그렇게 모스는 전신의 발명자가 됐다.

1843년 모스는 미국 의회로부터 3만 달러를 지원받아, 워싱턴과 볼티모어 사이에 60킬로미터 길이의 전신선을 가설하게 된다. 이제는 시험용이 아니라 본격적인 상업용 전신을 시작한 것이다. 1844년 5월 1일 모스는 완성된 전신선을 이용해 볼티모어에서 열린 휘그당 전당대회 결과를 워싱턴에 타전했다. 이는 볼티모어발 증기기관차에 실려 64분 뒤에 도착한 문서의 내용과 그대로 맞아떨어졌다. 요즘식으로 말하면, 전기로 전달되는 이른바 '실시간 뉴스'의 위력을 처음으로 선보인 것이다.

모스는 이로써 전기가 말이나 배, 기차 같은 물리적 수단보다 정보를 훨씬 빨리 전달할 수 있음을 입증했다. 당시 그 역사적인 순간을 기념하기 위해 처음으로 전송된 메시지가 바로 "신이 만든 것(What hath God Wrought)"이라는 유명한 문장이다.

모스전신기도 처음엔 게임기였다

처음 전신선이 깔렸을 때 사람들은 이를 어떻게 써야 할지 몰랐다. 그 위력을 선보였음에도 불구하고 전신은 상당 기간 단순한 흥밋거리에 머물렀다. 전신선을 이용해 멀리 떨어진 도시에 사는 체스 챔피언들끼리 게임을 벌이기도 했고, 복권 추첨 행사를 열기도 했다. 모두 전신의 흥행을 위한 것이었지만, 생각만큼 유행이 일지 않았다. 우리야 요즘 인터넷과 스마트폰을 통해 세계 각국에서 일어나는 소식을 실시간으로 접하고 다중 접속 온라인 게임까지 즐기는 등 눈앞에 보이지 않아도 인터넷 회선 너머로 사람들과 동시에 연결될 수 있다는 사실을 알지만, 19세기 사람들에게 이는 실생활과는 동떨어진 '마술' 같은 일이었다.

요금도 비쌌다. 1845년 글자당 0.25센트를 받았는데, 당시 이는 대기업이나 정부가 아니면 감당하기 힘든 수준이었다. 이로 인해 워싱턴에서 첫 3개월 동안 모스의 전신회사가 올린 매출은 200달러에도 못 미쳤다.[2] 그럼에도 모스는 걱정하지 않았다. 그는 매출이 조만간 하루 50달러 수준으로 늘어날 것이라고 호언장담하며 투자자들을 모았다. 그리고 그의 말은 허언이 아니었다. 모스는 먼 훗날 인터넷 시대에 각광받기 시작한 이른바 '네트워크 효과(network effect)'를 이미 알고 있었던 것이 아닐까. 이는 네트워크 기반 비즈니스에 적용되는 이론으로, 처음에는 전화 사업에서 유래했다. 즉, 어떤 네트워크가 만들어져 처음에 이용하는 사람이 없을 때는 실적이 미미하지만, 일단 본격적으로 네트워크가 구축되면 기하급수적으로 수익이 늘어난다는 이론이다. 전화로 예를 들면, 네트워크상에 전화기가 1대뿐이라면 연결되는 통화의 수는 0이다. 그러나 전화 가입자가 늘면 이야기가 달라진다. 2대의 전화기로는 1개의 연결이 가능하고, 4대가 되면 6개, 12대로는 66개, 100대의 전화기로는 4950개의 연결이 가능하다. 이것이 바로 네트워크 효과다. 이 효과를 규정한 '멧커프의 법칙(Metcalfe's law)'에 따르면, 네트워크의 유용성 또는 효용성은 그 네트워크 사용자의 제곱에 비례한다. 네트워크 가치는 그러니까 처음에는 매우 낮다가 참여자의 수가 어느 지점에 도달하면 그 시점부터 기하급수적으로 상승하는 것이 핵심이다. 신문이나 방송은 구독자 수나 시청률 같은 단순 수치로만 자신들의 영향력을 측정한다. 반면, 구글이나 네이버 같은 인터넷 기반 기업들은 이 법칙의 지배를 받는다. 이들이 막대한 수익을 올리는 것이 가능한 이유다.[3]

 전신 산업 역시 떨어져 있는 도시들을 연결하는 촘촘한 네트워크가 완성되면서 네트워크 효과의 지배를 받기 시작한다. 모스는 지역 독지가와 발명가들의 후원으로 미국 동부 주요 도시에 회사를 설립해 뉴욕, 필라델피아, 보스턴을 연결하는 전신 선로를 차례로 가설했다. 1846년 1월, 뉴욕과 필라델피아를 잇는 선로가 처음 개통됐다. 네트워크가 갖춰지기 시작하자 그제야 전신 기술의 가치를 알아본 기업들이 너도나도 뛰어들었다. 네트워크 효과가 나타난 것이다. 처음 전신선을 개통했을 때 모스가 벌어들인 돈은 일주일에 13.5센트에 불과했지만, 이듬해에는 매주 100달러 수준으로 늘어났고, 사업을 시작한 지 10년이 채 지나기도 전에 모스는 미국에서 가장 부유한 사람 중 하나가 되었다. 네트워크는 전 세계로 확장되었다. 대서양 너머 유럽과 아시아에서도 비슷한 일이 동시에 벌어지고 있었다. 그 결과 전신이 보급된 지 10년쯤 지난 1858년, 대서양 횡단 해저케이블이 최초로 개통되었다. 남북전쟁이 발발한 해인 1861년에는 미국 대륙의 동·서부를 잇는 전신선도 완성된다. 당시 미국의 전신망이 얼마나 빨리 확장되었는지는 그 속도를 추적하기 힘들 정도다. 예를 들어 1848년에 깔린 전신 선로의 총 길이는 약 3200킬로미터였으나, 불과 2년 뒤인 1850년에는 20개 회사가 뛰어들어 1만 9000킬로미터 이상의 선로를 가설했다고 한다.

사실 전기를 이용해 신호를 전송할 수 있으리라고 생각한 사람은 모스 이전에도 있었다. 사람들은 전선을 타고 이동하는 전기의 성질을 알고 있었기에 이미 19세기 이전부터 스위스, 프랑스, 스페인 등에서 전선 여러 개를 이용해 신호를 보내는 방법이 고안됐다. 1750년대 영국의 한 잡지에는 알파벳 자모 낱낱에 해당하는 26개 전선을 깔고 거기에 전기를 흘려 메시지를 보내자는 구상이 소개되기도 했다. 미국에서도 모스가 특허를 등록하기 전에 이미 60명 넘는 사람들이 전신 관련 기술을 개발한 것으로 알려졌다. 그 덕분에 모스는 발명과 함께 치열한 특허 분쟁을 치러야 했다. 아무래도 특허 분쟁은 현대 실리콘밸리 기업들에 이르기까지 면면히 이어지는 미국 신기술 기업들의 전통인 것 같다. 특허 전쟁에선 결국 가장 집요했던 모스가 승리했다.

모스가 수많은 경쟁자를 물리치고 미국 대법원에서 특허를 받아낼 수 있었던 것은 다른 발명가들과 달리 단 하나의 전신선만 이용하고, 문자를 구별하기 위해 잘 체계화된 부호(code)를 이용하는 자신만의 아이디어를 갖고 있었기 때문이다. 전신선이 하나여서 값비싼 구리로 된 전신선 설치 비용을 최소화할 수 있었다. 또 메시지를 '코딩(부호화)'해서 보내자는 발상도 혁신적이었다. 이로써 그는 전 세계 정보통신 기술(ICT)의 선구자이자, 지금 실리콘밸리에 모여 있는 기업들의 조상이 될 수 있었다. 인터넷과 컴퓨터의 등장이라는 것도 사실 거슬러 올라가면 이 전신에서 비롯된 것이다. 보내고 싶은 정보를 코딩하는 것도 이때 시작되었다. 지금은 컴퓨터 프로그래밍을 코딩이라고 부른다. 이는 컴퓨터에 명령을 내리기 위해 인간의 언어를 컴퓨터가 알아들을 수 있는 언어로 바꿔주는 작업이다. 모스 역시 전기로 인간의 언어를 전달하기 위해 데이터를 코딩한 것이다.

전신, 철도와 함께 달리다

전신이 보급되면서 세상은 급격히 빠른 속도로 연결되기 시작했다. 모스가 장거리 전신이 가능하다는 것을 보여준 후, 미국 전역에는 거미줄 같은 전신망이 깔렸다. 초기 전신망은 철도와 함께 뻗어나갔다. 미국은 광활한 영토를 통합하기 위한 커뮤니케이션 수단으로 철도·우편·전신, 이 세 가지가 간절히 필요했다. 하루빨리 중서부를 개발해 통일된 국가로서 합중국의 위상을 높여야 했기 때문이다. 이미 미국이라는 국가 개념이 만들어져 있던 동부와 달리, 중서부는 주민들 사이에 국가에 대한 관념이나 국민으로서의 정체성이 아직 약한 세계였다. 국가의 통합을 위해 미국 정부는 적극적으로 철도와 전신 사업자들을 지원했다.

전신 사업자들은 우선 철로를 따라 전신주를 세우고, 이들을 케이블로 잇는 방식으로 전국에 통신 선로를 가설했다. 즉, 철도가 가는 곳이면 무조건 전신이 함께 간 것이다. 전신은 철도 사업을 위해서도 꼭 필요했다. 철도가 단선(單線)으로 놓였던 당시, 서로 마주 보고 달리는 열차 두 대가 철로 한가운데서 마주치지 않도록 열차를 제시간에 출발시키고 도착시키려면 정교한 신호 체계와 운영 시스템이 필요했다. 기차의 충돌을 막기 위해 시간표를 만들고, 그에 따라 정확하게 운영해야 했다. 하지만 모든 열차가 시간표를 그대로 지킬 수는 없었다. 사고가 나거나 출발이 지연될 때가 있기 때문이다. 이럴 경우 신속히 연락할 수단이 필요했다. 전신이 등장하기 전 장거리 철도가 빨리 보급되지 못한 것은 이 때문이다. 전신이 있으면 갑자기 배차 정보가 바뀌거나 출발이 늦어질 때 연락을 취할 수 있어 사고를 방지할 수 있었다. 배차 정보를 역마다 전해주는 전신망을 만들면서 동부 도시들을 하나씩 하나씩 연결해나갔고, 느리게 보급됐던 철도는 훨씬 더 빠르게 미국 전역으로 확산되었다.

철도와 전신의 보급은 사람들의 생활 방식에도 큰 변화를 가져왔다. 특히 인류의 머리에 현대적 시간 개념이 자리 잡게 된 것도 철도와 전신 덕분이다. 전신망을 통해 열차의 출발과 도착을 제어하고 초 단위로 출발과 도착 시간을 알려주면서, 사람들은 차츰 정밀한 시간 개념을 일상생활에서도 받아들이기 시작했다.

미국의 동과 서를 연결하자는 발상은 전신의 등장과 함께 끊임없이 제기됐지만, 결코 쉬운 일은 아니었다. 미국 북동부는 전신과 철도가 보급되어 현대 세계로 넘어가고 있었던 반면, 중서부는 여전히 암흑세계에 있었다. 무법자들과 인디언들이 출몰하는 지역에서 철도는 수시로 습격당했고, 전신선은 끊어져 무용지물이 되기 일쑤였다. 미국 정부도 처음에 이를 쉽사리 해결하지 못했다. 1857년에 하이럼 시블리라는 사업가가 미 대륙을 가로지르는 전신선을 놓겠다고 처음 나섰을 때, 에이브러햄 링컨 대통령은 인디언들이 전신주와 전선을 그냥 두지 않을 것 같다고 우려를 표하기도 했다.

북미 대륙의 중서부까지를 전신으로 연결한 건 '웨스턴유니언'이라는 독점기업이었다. 이 회사는 미국 철길 주변의 전신선을 거의 도맡아 건설하고 운영했다. 경쟁사들은 철도를 따라 전신선을 가설하는 길이 막히자 자동차가 다니는 도로변을 따라 전신을 가설하거나 대서양 횡단 케이블 부설 계획을 밝히는 등 다양한 대안을 세웠다. 이후 미국의 통신 산업은 다채로운 방향으로 발전해나가게 된다. 이윽고 1860년대로 접어들면서 대륙 횡단 전신선이 개통되며 새로운 시대가 열렸다. 이는 20년 전인 1841년 윌리엄 해리슨 대통령의 사망 소식이 로스앤젤레스에 도달하는 데 3개월하고도 20일이나 걸렸던 것에 비하면 어마어마하게 큰 변화였다.

　미 대륙 전역에 걸쳐 전신선이 확충되고 철도망이 연결되는 데는, 최초의 현대식 전쟁으로 불리는 미국 남북전쟁(1861~1865)이 끼친 영향도 컸다. 남북전쟁은 최초로 철도와 전신망의 도움을 받아 치러진 전쟁이었다. 우선 전쟁에 철도를 활용하기 시작하면서 전투가 벌어지는 전장의 규모가 크게 확대되었다. 또 이전의 어느 전쟁과도 비교가 안 될 정도로 막대한 인원과 물자를 동원할 수 있게 됐다. 철도 건설 붐은 19세기 중엽 유럽에서 먼저 일어났지만, 대서양 건너 미국은 워낙 영토가 넓었기에 훨씬 광범위하게 철로가 부설되었다. 한데 공교롭게도 당시 철도 노선은 대부분 북군 지역에 놓여 있었다.

　철도는 기존 역마차를 이용한 운송 시스템에 비해 병력 조달과 물자 수송에서 절대적으로 유리했다. 여기에다 철도를 따라 통신망까지 함께 갖춰졌기 때문에 북군은 수시로 연락하며 작전을 주고받을 수 있었다. 당시 북군은 남군에 비해 2배 이상 긴 철도망을 갖고 있어 전력의 우세를 누렸고, 전후방 지휘관들 간의 정보 교환도 남군에 비해 훨씬 신속하고 원활했다.

전신을 담당한 병사들은 훼손된 망을 복구하고 명령을 전달했다. 또 적군의 통신선을 도청하기도 했다. 당시 북군을 승리로 이끈 링컨 대통령은 전장의 소식이 수시로 올라오는 전신국에서 가장 오랜 시간을 머물렀다고 한다. 철강왕 카네기도 소년 시절 남북전쟁에서 전신원으로 활약했다. 어떻게 보면, 결국 남군은 이 '첨단 기술' 앞에서 패배한 셈이었다. 가장 많은 전신선을 가설했던 웨스턴유니언은 사람들이 통신 산업의 가치를 깨닫게 되면서 남북전쟁 직후에 주가가 폭등했다.[4]

대서양을 건넌 신호

전신망이 미국 동부의 여러 도시, 더 나아가 서부까지 확충되면서 북미 대륙 전체를 연결했지만 그것만으로는 모스의 성에 차지 않았다. 그는 바다 건너를 바라보고 있었다. 대서양을 가로질러 전신선을 부설한다는 원대한 계획이었다. 이를 위해 직접 뉴욕항에 케이블을 깔기도 했다. 하지만 그는 이번에는 성공하지 못했다. 최초의 해저케이블 가설은 해양 대국 영국의 몫이었다.

최초의 해저케이블은 1851년 영국과 프랑스 사이의 영국해협에 깔렸다. 모스가 전신을 발명한 지 이미 14년이나 지났을 때였다. 2년 뒤인 1853년에는 영국과 아일랜드가 바다 밑으로 연결되었다. 그리고 대서양을 가로질러 선이 놓인 것은 이로부터 다시 5년이 지난 뒤였다. 1858년 8월 16일 오전, 미국의 제임스 뷰캐넌 대통령은 영국의 빅토리아 여왕이 대서양 건너에서 보낸 전문을 처음으로 받았다. 빅토리아 여왕은 '이 같은 국제적인 위업에 대해 미국 대통령에게 축하한다'는 내용을 타전했고, 뷰캐넌 대통령은 '대서양 횡단 케이블이 두 나라의 평화 및 우호를 굳건히 하는 데 보탬이 되기를 바란다'는 답신을 보냈다.

당시 빅토리아 여왕이 보낸 이 짧은 메시지가 미국 측에 완전히 전달되기까지는 18시간이나 걸렸다. 전문 자체는 98개 단어, 509개의 알파벳으로 이뤄진 그리 길지 않은 문장이었지만, 당시 통신망의 속도가 1분에 0.1단어를 겨우 보낼 수 있는 수준이다 보니 더딜 수밖에 없었다. 그럼에도 대서양 너머 자신들이 떠나온 대륙과 연결되었다는 사실은 많은 미국인들에게 이전과는 다른 세계에 대한 인식을 만들어줬다. 사실 그때까지만 해도 미국의 지식인들은 유럽 대륙에서 들려오는 소식에 목말라했다. 이들이 새로운 소식을 받아 볼 수 있는 길은 배에 실려 오는 일간지와 잡지, 서적을 읽는 것밖에 없었다. 최신이라 해봤자 한 달이 지난 소식이었다. 한데 전신선을 막 타고 온 따끈따끈한 소식을 받아 볼 수 있다는 것은 이들에게 천지가 개벽할 만한 소식이었다. 미국 대륙과의 첫 교신에 성공하던 날, 영국 언론은 이를 '구대륙과 신대륙의 결혼'이라고 불렀다. 뉴욕 거리에선 폭죽이 터졌고 사람들은 축배를 들었다. 영국 해군도 100발의 축하 예포를 쏘았다.

대서양 횡단 해저케이블 부설은 기즈번F. N. Gisborne이라는 영국 기술자가 성공시켰다. 1850년대 말 기즈번은 미국 부호인 사이러스 필드를 찾아가 캐나다의 뉴펀들랜드에서 영국까지 전신 케이블을 설치하는 계획을 설명했다. 이는 지도를 펼쳤을 때 확인할 수 있는 북미 대륙과 유럽 사이 최단 거리인 뉴펀들랜드에서 아일랜드까지를, 바다 밑 케이블 설치를 통해 연결한다는 계획이었다. 필드는 이 계획에 자신의 모든 것을 걸기로 했다. 그는 영국까지 전신선을 부설하기 위한 회사를 세웠다. 일단 미국 동부에서 캐나다 뉴펀들랜드까지의 설치는 2년 만에 끝났다. 그러나 그다음 과정은 결코 쉽지 않았다. 대서양 아래로 3540킬로미터에 이르는 케이블을 깔아야 했기 때문이다. 해저케이블은 일반 전신선에 비해 수십 배 무거웠다. 바닷속에서 부식하는 것을 막기 위해 일단 타르를 칠한 삼실로 구리선을 감아 절연 처리했다. 그리고 이를 보호하기 위해 주위를 강철선으로 칭칭 감았다. 당시로선 매우 굵은, 케이블 직경만 0.5인치(1.3센티미터)에 달하는 굵기였다. 게다가 수천 킬로미터에 이르는 케이블을 운반할 만큼 큰 배를 구하기도 어려웠다. 결국 군함들이 동원되어 대양 한가운데서 케이블을 이어 붙여야 했다. 처음에는 케이블을 잔뜩 실은 군함이 각각 아일랜드 남동부 항구와 캐나다 뉴펀들랜드 동부의 항구를 출발하면서 케이블을 설치하여 대서양 한가운데서 만나 연결하기로 했다. 하지만, 항해 도중 수시로 케이블이 끊어지고 유실되는 사고가 발생했다. 몇 번의 실패를 거듭한 끝에, 이번에는 반대로 대서양 한가운데서 설치하기 시작해 각각 영국과 미국으로 이어가는 방식으로 케이블 연결을 완성할 수 있었다. 캐나다 노바스코샤주의 핼리팩스는 항구도시이자 해군 함정들이 정박해 있는 군사도시다. 이곳 다운타운의 항구는 지금도 '케이블 워프'라고 불린다. 당시 대서양 해저케이블 연결에 동원된 선박들의 상당수가 이곳에서 출발했기 때문이다. 스코틀랜드 출신들이 모여 살던 이 도시에서 무수한 배들이 영국을 향해 케이블을 싣고 출발했다. 이는 자신들이 떠나온 구대륙 유럽과 연결되고자 하는 강력한 염원이 담긴 것이기도 했다. 지역 명칭인 '노바스코샤'는 '새로운 스코틀랜드'라는 의미이다.

하지만 어렵게 연결된 최초의 대서양 횡단 케이블은 2개월 만에 수명을 다하고 말았다. 신호 전송 속도를 높이기 위해 조금씩 전압을 올리다가 그만 케이블이 망가져버린 것이다. 끊어진 케이블을 다시 이어야 했지만, 이번에는 남북전쟁이 터지면서 해저케이블 연결 사업은 잠시 중단될 수밖에 없었다.

대서양 해저케이블 연결 사업은 전쟁이 끝나고 본격적으로 재개됐다. 이번에는 군함들의 도움을 받을 필요가 없었다. 그때까지 건조된 선박 중 최대 규모였던 '그레이트이스턴호'가 대서양 케이블 설치에 동원됐다. 그레이트이스턴은 2만 2500톤급 증기선이었다. 길이 역시 200미터가 넘어, 이후 40년 동안 필적할 만한 배가 없을 정도였다. 이 어마어마한 크기로 인해 이 배는 얄궂은 운명을 맞는다. 원래 대서양 해저케이블 연결 사업은 남북전쟁이 끝나고 본격적으로 재개됐다. 그때까지 건조된 선박 중 최대 규모였던 '그레이트이스턴호'가 대서양 케이블 설치에 동원됐다. 원래 초대형 여객선으로 건조됐던 그레이트이스턴호는 한번 움직이려면 연료를 너무 많이 실어야 해서 여객선으로서는 도저히 수익을 맞출 수 없었다. 너무 커서 정박할 만한 항구도 찾기 힘들었다. 그러나 이 거대한 덩치는 4300킬로미터가 넘는 막대한 길이의 구리선을 싣는 데 안성맞춤이었다.

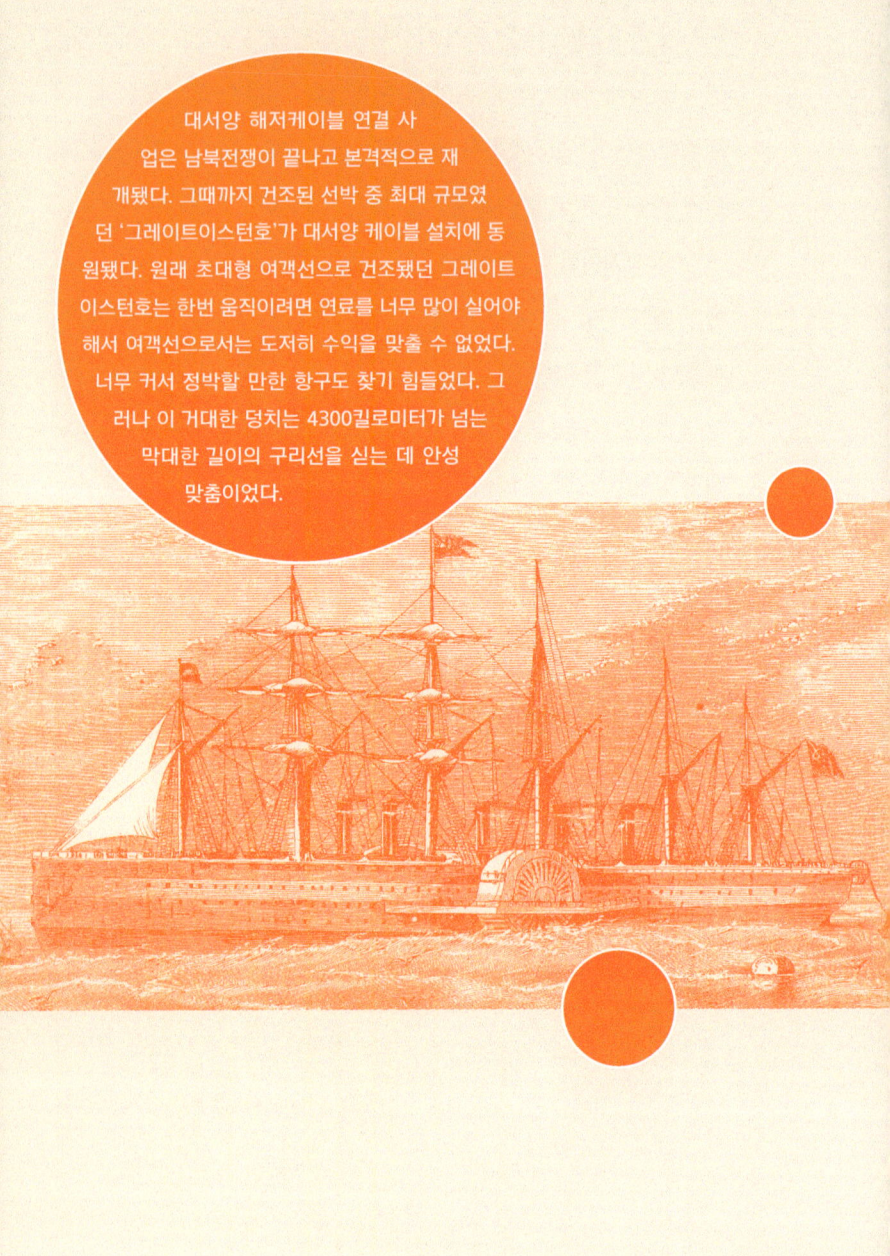

초대형 여객선으로 건조됐던 그레이트이스턴호는 한번 움직이려면 연료를 너무 많이 실어야 해서 여객선으로서는 도저히 수익을 맞출 수 없다는 평가가 내려졌다. 너무 커서 정박할 만한 항구도 찾기 힘들었다. 그러나 이 거대한 덩치는 4300킬로미터가 넘는 막대한 길이의 구리선을 싣는 데 안성맞춤이었다. 사람들은 이미 한차례 대서양 횡단 케이블을 태워버린 적이 있기 때문에 이번에는 구리선 직경을 1인치로 두 배 굵게 만들었다. 케이블 무게는 5000톤이 넘을 정도로 무거워져 있었다. 당시 이 정도 무게를 나를 수 있는 배는 그레이트이스턴호밖에 없었다. 그렇게 이 비운의 여객선은 통신의 역사에 이름을 남기게 됐다.

새롭게 깔린 해저케이블은 다시 끊기는 일이 없도록 항상 저전압에서 안정적으로 운영됐다. 이후 영미 간 외교와 외환 거래, 금융 거래에서 어마어마한 혁신을 가져왔다. 대서양이 세계를 지배하는 시대가 열린 것이다. 요즘도 미국에서 대통령 선거가 벌어지면 미국 「뉴욕타임스」나 「워싱턴포스트」 홈페이지 접속자의 절반이 대서양 건너 유럽 대륙 사람들이라고 한다. 물론, 오늘날 대서양을 가로지르는 케이블은 구리가 아닌 광섬유로 만들어졌다. 대서양 바다 밑을 가로지른 대략 10개의 광섬유 케이블이 유럽과 북아메리카 사이를 오가는 목소리와 데이터를 나르고 있다. 광섬유는 빛을 한곳에 모은 레이저와 맑디맑은 유리섬유를 합친 것이라고 보면 된다. 이를 이용하면 구리선으로 전기신호를 보내는 것보다 훨씬 효과적이다. 전파보다 빛이 훨씬 넓은 주파수 대역폭을 허용하고, 잡음과 간섭도 훨씬 덜하기 때문이다.

마침내 동서양을 다 연결하다

모스가 전신 특허를 신청한 1837년 무렵, 지금의 튀르키예에 해당하는 지역에는 오스만제국이 버티고 있었다. 제국은 서서히 쇠퇴하는 중이었지만, 여전히 유럽과 아시아에 걸쳐 막강한 힘을 미쳤다. 당시 오스만제국의 영역은 빈에서 예멘, 알제리에서 바그다드까지 뻗어 있었다. 유럽 국가들은 중동 너머에 있는 아시아 지역의 식민지를 원활하게 지배하려면 바로 이 지역을 통과해 전신선을 설치해야 했다. 특히 전 세계에 걸쳐 식민지를 거느리던 영국은 전신선이 제국 구석구석에서 벌어지는 일을 알 수 있게 해주는 가장 유용한 수단임을 잘 알고 있었다.

하지만 막강한 오스만제국이 버티고 있는 땅을 쉽게 건너갈 수는 없었다. 누가 이슬람 왕국의 술탄들을 설득해 동서양을 잇는 가교를 놓을 수 있을 것인가. 모스는 이 문제를 해결하기 위해 직접 나선다. 유럽을 넘어 아시아까지 자신의 사업을 확장하려면 이는 반드시 해결해야 하는 문제였다. 전신 사업을 시작하면서 모스는 비즈니스맨으로서의 수완을 유감없이 드러낸다. 이러한 저돌성은 모스뿐만 아니라 토머스 에디슨과 알렉산더 그레이엄 벨, 빌 게이츠, 스티브 잡스 등 발명가이면서 동시에 기업가인 인물들에게서 공통으로 발견되는 특징이다.

　모스는 미국 정부뿐만 아니라 유럽과 이슬람 국가의 정부를 상대로 전 국토에 걸쳐 전신선을 가설하는 자신의 사업 구상을 설명했다. 그는 이슬람의 지배자인 술탄에게 자기 직원을 보내 전신 시스템이 광활한 영토를 관리하기에 얼마나 효율적인지 보여주려 했다. 하지만 모든 사업이 그렇듯, 처음부터 순풍에 돛 단 듯 진행되지는 못했다. 맨 처음 술탄에게 전신 기술을 보여주러 갔던 직원은 술탄 앞에서 전신 기기가 작동을 하지 않아 망신을 당했다. 게다가 이 직원은 기계를 수리하기 위해 빈으로 가다가 다뉴브강에 빠져 죽고 말았다. 술탄이 자기 눈으로 직접 전신이 작동하는 것을 보고서 큰 관심을 보인 것은 이로부터 몇 년 후였다.

　결국 이 일을 성사시킨 곳은 누구보다 아시아와 '연결'되기를 원했던 영국이었다. 영국은 일단 오스만 지역을 건너뛰고 가장 중요한 식민지인 인도에서부터 전신 시스템을 구축하기 시작했다. 그 결과 1855년부터 인도 내에서 전신 시스템이 가동되었다. 당시 오스만제국은 영국 및 프랑스와 함께 크림반도에서 러시아와 전쟁을 벌이고 있었다. 바로 크림전쟁(1853~1856)이다. 크림전쟁은 전신의 중요성을 세계의 열강들에게 유감없이 보여주는 계기가 된다. 영국은 전쟁 와중에 흑해를 가로질러 약 550킬로미터에 달하는 전신 케이블을 설치해 유럽과 크림반도를 연결했다. 이를 통해 영국 본토에 앉아서 시시각각 바뀌는 전황을 속속들이 파악해 중요한 결정들을 내릴 수 있었다. 동시에 영국은 전쟁이 끝난 뒤 이 케이블을 더 연장해 인도까지 연결하려는 구상을 했다. 이번에는 정말로 오스만제국의 영토를 통과해야 했다.

오스만제국의 지배자들도 전쟁을 통해 전신 기술이 가진 잠재력을 알게 되었다. 그들 역시 제국의 영토 전체에 자신의 지배력을 발휘하는 데 전신이 꼭 필요한 수단이라고 생각했다. 그러나 '파샤'로 불리는 지역의 영주들은 전신을 거부했다. 일부 종교적 근본주의자들은 오염된 생각이 전신선을 타고 전파될 수 있다며 선로를 파괴하는 행위도 마다하지 않았다. 가난한 지역 주민들은 전신 선로를 설치하는 데 쓰인 목재와 구리를 훔쳤다. 나중에는 사막 지역의 주요 전신 선로마다 소규모 군대를 파견해 시설을 지켜야 했다.

유럽과 아시아를 가로지르는 전신 시스템은 크림전쟁이 끝나고 10년 가까이 지난 1865년에 완성됐다. 처음에는 불가리아와 국경을 맞댄 지역인 에디르네에서 이스탄불까지 선로가 놓였고, 다음 단계로는 인도의 일부였던 카라치까지 선이 깔렸다. 영국이 원하던 대로 인도까지 연결되는 길이 열린 것이다. 그리고 바로 그해에 그레이트이스턴호가 끊어졌던 대서양 횡단 케이블을 다시 놓으면서 미국과 유럽 대륙도 다시 연결되었다. 말 그대로 동양과 서양, 전 세계가 연결된 것이다. 이는 어쩌면 세계 최초로 글로벌 커뮤니케이션 네트워크가 만들어진 순간일지도 모른다. 사람들의 머릿속에도 서서히 '연결된(connected)' 세계라는 관념이 만들어지고 있었다.

사족을 덧붙이자면, 우리나라에 해저케이블이 놓이게 된 배경도 빅토리아 여왕 시대 영국이 전 세계를 연결하는 네트워크를 만든 정황과 무관하지 않다. 구한말 우리나라에도 해저케이블이 두 개 있었는데, 이는 각각 일본과 영국이 놓은 것이었다. 제국주의 열강들은 자기들 필요에 따라 조선에 전신선을 연결했다. 부산과 나가사키 사이의 해저케이블은 1884년, 갑신정변이 발생하던 해에 일본이 일방적으로 설치한 것이다. 영국은 갑신정변 이후 고종이 러시아와 가까워지자 이에 불안감을 느껴 1885년 거문도를 점령하고 이곳에서 상하이의 영국 조계지까지 해저케이블을 연결했다. 당시 영국으로선 한반도에 욕심이 있었다기보다는 러시아 세력의 남하를 막는 것이 더 중요했다고 한다. 어쨌든 영국은 인도를 넘어 중국, 그다음으로 극동에 있는 조선까지 전신선을 연결한 셈이었다. 우리의 의지와는 달리 이미 세계는 연결돼 있었고, 열강은 이를 무기로 세계를 지배하려 했다. 그때나 지금이나 네트워크를 거머쥔 자가 결국 세계를 지배한다. 이는 통신이 사회적 소통을 활성화하면서도 동시에 지배 수단으로 사용될 수 있는 양면성을 보여준다.

시간 맞추기, 동기화가 시작되다

전신은 공간의 한계를 없애주었다. 세계는 실시간으로 연결되고, 점점 좁아져갔다. 인류는 동시간대라는 새로운 차원으로 들어가고 있었다. 전신이 등장한 후 이른바 표준시를 만들고 시간대를 통합하는 일이 차례로 벌어졌다. 광활한 영토를 하나의 연방으로 통합해나간 미국의 역사는 곧 공간과 시간을 극복해온 투쟁의 역사였다. 이 과정에서 근대 산업의 기반인 전신과 철도가 미국에서 가장 화려하게 꽃피었다. 앞서 잠깐 언급한 대로, 철도가 대륙을 가로지르기 시작하면서 사람들은 지역마다 서로 다른 시간을 사용하는 것이 얼마나 큰 문제를 불러올 수 있는지도 깨닫게 됐다. 예를 들어, 시카고의 정오가 피츠버그에선 12시 31분이었다. 이전에는 아무 문제가 없던 일이다. 하지만 철도가 연결되면서 역마다 기차마다 서로 다른 시각을 쓰는 것은 큰 문제가 되었고, 철도 사고가 속출했다. 당시의 철도는 구간마다 선로 하나로 양방향 운행을 하고 있었는데 조금만 시간이 어긋나도 충돌할 수 있었다.

19세기 중반 미국은 어떤 도시를 가든 현지 시각이 초 단위까지 정확했다. 그러나 문제는 이 현지 시각이라는 것이 지역마다 제각각이었다는 점이다. 미국에는 한때 약 8000개의 지방시가 있었다고 한다. 사람들은 마을 시계탑과 자신의 손목시계를 맞추고 생활했다. 각 지역은 그곳에서 태양이 가장 높게 떠오른 시간을 정오로 삼았다.

같은 주 내에서도 도시마다 시간이 다른 경우가 허다했고, 사용하는 시간대가 마을마다 달랐지만 사람들은 큰 불편을 느끼지 않았다. 주민들 대부분 마을을 벗어나는 일이 없었기 때문이다. 자기 지역 사람들과만 시간이 일치하면 살아가는 데 불편이 없었다. 다른 도시에 있는 사람과 통화를 할 일도 전신을 주고받을 일도 없었다. 이동 거리는 제한적이었고, 생활 반경이 넓지 않았기 때문에 다른 지역과 시간을 통일할 필요 자체가 없었던 것이다.

이 세계는 철도와 전신이 출현하면서 무너지기 시작했다. 철도를 통해 초 단위 분 단위로 물자와 사람이 이동하고, 전신을 통해 빠른 속도로 정보가 오가기 시작했다. 이러다 보니 표준화되지 않은 시간은 여간 불편한 것이 아니었다. 차츰 사람들은 먼 지역에서 적용되는 '다른 시간'들을 인정할 수밖에 없었다. 바로 이 지점이 중세에서 근대로 넘어오는 결정적인 순간이 아니었을까. 마을 한가운데 교회의 높이 솟은 첨탑에서 울려 퍼지는 종소리가 결정했던 중세의 시간을 넘어, 철도와 전신의 보급으로 인해 마침내 근대적 시간이 탄생한 것이다. 그리고 우리 역시 그 시간의 연속선 위에서 살아간다. 실제로 인류의 삶에서 '정확성'이라는 개념이 삶의 중요한 원칙 중 하나로 자리 잡게 된 것도 이 무렵부터이다.

철도의 발상지이자 산업혁명의 종주국인 영국은 이미 1840년대 말에 철도 운행을 위해 그리니치 평균시로 전국의 시간을 표준화했다. 기차 운행 시간도 전신을 통해 손쉽게 일치시킬 수 있었다. 그리니치 천문대에서 알리는 시간을 무선 전보 시스템으로 각 지역에 보내서 가능한 일이었다. 물론 프랑스 같은 나라는 처음에 영국 중심으로 표준시가 정해지는 것에 반대했지만, 세월이 가면서 이를 받아들일 수밖에 없었다. 이때 정해진 그리니치 평균시는 지금도 세계 전역의 항공교통 관제센터와 비행기 조종석에서 사용한다.

19세기 중반, 영국 이외의 세계에서는 아직 표준시가 정착되지 못했다. 특히 영국 국토의 수십 배에 이르는 넓이의 아메리카 대륙에서는 더 절실하게 '시간의 통일'이 필요했다. 미국은 영국처럼 전국의 시계를 통일해 단일한 시간대를 사용하기에는 땅이 너무 넓었다. 이 때문에 미국은 1869년 대륙횡단철도가 완전히 개통된 뒤로도 지역별로 고유한 시간을 계속 사용했다. 자율성이 강한 미국의 도시와 주가 자신들의 고유한 지방시를 좀처럼 버리지 않으려 했던 것도 그 이유 중 하나였다. 당시 자료에 따르면 철도역마다 사용하는 시간대가 50개에 달했다. 단거리를 여행하는 사람들이야 별 문제가 없었지만, 장거리 철도를 이용하려면 철도 시간표를 안내하는 두툼한 책자를 보며 각지의 시간대를 비교해야 했다.

미국에서 역의 시간은 철도회사의 소유였다. 표준시가 정착되기 이전 미국의 역에는 오늘날의 호텔 프런트처럼 여러 개의 시계가 걸려 있었다. 시계 밑 팻말에는 요즘처럼 서울, 홍콩, 베를린, 파리 같은 지역명이 씌어 있는 게 아니라 '뉴욕센트럴 레일웨이' '볼티모어 앤드 오하이오' 같은 철도회사 이름이 붙어 있었다고 한다. 철도회

철도를 통해 초 단위 분 단위로 물자와 사람이 이동하고, 전신을 통해 빠른 속도로 정보가 오가기 시작했다. 이러다 보니 표준화되지 않은 시간은 여간 불편한 것이 아니었다. 차츰 사람들은 먼 지역에서 적용되는 '다른 시간'들을 인정할 수밖에 없었다. 바로 이 지점이 중세에서 근대로 넘어오는 결정적인 순간이 아니었을까. 마을 한가운데 교회의 높이 솟은 첨탑에서 울려 퍼지는 종소리가 결정했던 중세의 시간을 넘어, 철도와 전신의 보급으로 마침내 근대적 시간이 탄생한 것이다.

사의 숫자만큼 수많은 시간대가 존재했던 것이다. 따라서 역이라는 공간은 각기 다른 여러 시간들이 공존하는 타임머신과도 같은 장소였다. 예컨대 펜실베이니아 철도회사는 필라델피아 시간을 기준으로 열차를 운행하고 해당 노선의 역들에 이 기준 시간에 따른 시간표를 배포했다. 서로 매우 근접한 지역에서 영업을 하는 철도회사들끼리도 시간을 통일하지 않았다. 따라서 여행자들은 열차를 갈아타야 할 경우 갈아탈 시간과 함께 어느 회사에서 운행하는 열차인지도 알아야 정확한 차 시간을 확인할 수 있었다. 특정 철도회사의 시간만을 기준으로 삼았다가는 어이없게 열차를 놓칠 수밖에 없었다. 이런 시간의 혼란은 미국의 철도망이 점점 더 확장되어 서쪽으로 뻗어갈수록 심각해졌다. 대륙이 넓은 만큼 경도의 차이가 컸고, 시간차는 그만큼 더 커졌다.

50개에 달하는 철도 시간을 4개의 표준시로 정리하자는 제안은 대륙횡단철도가 개통된 지 10년도 더 지난 1883년이 되어서야 나왔다고 한다. 세인트루이스에서 열린 철도협의회에서 나온 제안이었다. 지금까지 미국에서 사용하는 동부 표준시, 중부 표준시, 산악 표준시, 태평양 표준시가 이렇게 만들어졌다. 미국 전역이 시간대를 통일하던 바로 그 순간 전신망을 통해 신호가 퍼져나갔다. 먼 훗날 '정오가 두 번 있던 날(The Adoption of Standard Time)'로 알려진 1883년 11월 18일, 4분 전에 정오가 지난 뉴욕은 동부 표준시에 따라 정오를 한 차례 더 맞았다. 바로 이 순간 전신을 통해 태평양 연안까지 새로운 정오 시간이 전파됐고, 순식간에 미국 전역에서 시계탑과 철도 노선의 시계가 맞춰졌다. 전신은 철도를 따라 산재하던 시간을 묶는 끈이 되었던 셈이다.

좁아진 세상

전신의 보급으로 가장 큰 변화를 겪은 분야는 뉴스 산업이었다. 전신은 사건 발생과 거의 동시에 소식을 전할 수 있었다. 이전과는 비교가 되지 않을 정도로 빠른 속도였다. 일각에서는 이것이 신문의 '죽음'을 불러올 것이라는 우려까지 나왔다. 실제로 당시 한 기자는 "번개같이 빠른 날개를 단" 전신 때문에 "신문은 전혀 쓸모가 없어질 것"이라고 단언하기까지 했다.[5]

그의 우려는 근본적으로 틀린 것이었다. 실상은 이와 정반대로 돌아갔다. 신문들은 오히려 누구보다 적극적으로 전신 기술을 이용하는 데 발 벗고 나섰다. AP, 로이터, AFP와 같은 세계적인 뉴스 에이전시, 즉 통신사들이 바로 이 시절에 탄생했다. 뉴스를 취재하고 제공하는 방식 모두에 큰 변혁이 일어났다. 모스가 워싱턴과 볼티모어 사이의 첫 전신 전송에 성공한 지 불과 4년 뒤, 미국의 주요 신문사들은 전신을 공동으로 사용해 뉴스를 취재하기 위한 조직을 만들었다. 당시만 해도 전신을 사용하는 데 무척 큰 비용이 들었기 때문에, 신문사들은 전신 사용료를 공동 부담하는 형식으로 뉴스통신사를 하나 만들어야 했다. 우리가 지금도 AP(Associated Press)라고 부르는 연합통신이 그것이다. 뉴욕 지역의 신문들이 미국-멕시코 전쟁(1846~1848) 기간 동안 막대한 전신 뉴스 비용을 분담하려고 1846년 3월 공동으로 뉴욕 AP를 만들었고, 1856년에 전국 AP의 탄생으로 이어졌다. 비슷한 시기 영국에서는 폴 줄리어스 로이터 Paul Julius Reuter 가 뉴스통신 서비스를 시작했다. 지금 '로이터'라고 불리는 바로 그 통신사다. 당시에는 이들이 통신수단을 유일하게 썼기 때문에 통신사라 하면 곧 이 업체들을 칭하는 것이었다. 지금은 주로 유·무선 전화회사들을 통신사나 이동통신사로 부르지만, 통신사의 원조는 전신회사들이었던 셈이다. 한국 연합뉴스도 원래 이름은 연합통신이었다. 뉴스 에이전시(news agency) 대신, 전신이란 뜻을 가진 '와이어(wire)'를 사용해 '와이어 서비스(wire service)'라고 부르는 사람이 여전히 많은 것 역시 마찬가지 이유에서다.

이들 뉴스통신사의 등장에 더해 대서양 횡단 케이블로 세계가 연결되면서 인류는 지구 반대편에서 벌어진 일도 하루 이틀이면 세세하게 알 수 있는 시대로 접어들었다. 지방 신문사들에도 속속 전신선이 연결되어 시골 소도시에서도 지역 뉴스와 함께 전 세계에서 벌어지는 일을 속보로 전할 수 있게 되었다. 이 체제는 인터넷이 등장하는 2000년대까지 유지되었다. 실례로, 필자가 처음 신문사에 입사한 1997년에도 외신을 다루는 국제부 부스에는 세계 곳곳에서 들어오는 뉴스를 받기 위해 AP, AFP, 로이터, DPA(독일의 통신사) 같은 국제 통신사들의 전용 텔렉스를 설치해두고 있었다. 이 기계들은 24시간 쉴 새 없이 '직직' 하는 소리와 함께 뉴스를 쏟아냈다. 처음 국제부로 발령받은 신참 기자는 이 텔렉스를 설치해두고 용지가 없어 뉴스를 수신하지 못하는 일이 발생하지 않도록 용지 잔량을 수시로 점검해 가아 끼우는 임무를 도맡았다.

통신 기술이 등장하면서 미국과 유럽 대륙은 어마어마하게 빠른 속도로 가까워졌다. 전신이 개발되기 전에 빠른 속도라는 것은 물리적인 한계를 뛰어넘을 수 없었다. 유럽에서 들어오는 급한 전갈이나 소식은, 아무리 빨라도 '배'라는 교통수단의 속도를 넘어설 수 없었다는 뜻이다. 생각해보면 커뮤니케이션이라는 것은 어떤 이동수단을 택하느냐에 따라 그 전파 속도가 정해졌다. 전신이 등장하기 전까지 미국 신문에 실리는 유럽 뉴스는 모두 한 달 전에 벌어진 일이었다. 만약 그렇지 않다면, 기자가 머릿속으로 상상하거나 소문을 듣고서 만들어낸 이야기였을 것이다. 지금까지도 전설처럼 전해 내려오는 알프스의 설인이나 영국 네스호의 괴물에 대한 믿거나 말거나 하는 이야기들이 당시 신문에 실린 글이었다. 요즘식으로 말하면 이른바 가짜뉴스였던 셈이다.

전신이 없던 시절, 경쟁이 치열한 뉴스 산업에선 웃지 못할 일이 종종 벌어졌다. 「뉴욕헤럴드」의 발행인 제임스 고든 베넷은 유럽에서 뉴스를 싣고 오는 배에서 소식을 좀 더 빨리 받기 위해, 항구에서 쾌속선을 보내 배가 정박하기 몇 시간 전에 미리 소식을 받아 신문사로 전달하게 했다. 그 덕분에 「뉴욕헤럴드」는 항상 다른 신문보다 속보를 빨리, 더 많이 찍었고, 경쟁자들을 따돌릴 수 있었다. 당시에는 이 쾌속선의 속도가 뉴스의 전파 속도였던 셈이다.

이런 상황에서 전신 기술의 등장은 혁명적 변화를 예고하는 것이었다. 특히 '전기 전신으로 송고됨'이라는 레터르가 붙은 급보가 사람들에게 더 긴박감을 주고 흥미를 자아낸다는 사실을 신문사는 잘 알고 있었다. 그래서 신문사들은 글자 10개당 50센트라는 비용에도 불구하고 전신회사의 열렬한 고객이 될 수밖에 없었다. 1848년 어느 날 「뉴욕헤럴드」는 전신으로 10칼럼 분량의 매우 중요한 뉴스를 수신했음을 자랑스럽게 보도하기도 했다. 이는 국내에서 인터넷이 처음 보급될 때 유명 신문사들이 너도나도 이메일로 뉴스레터를 만들어 구독자에게 서비스하던 모습을 떠올리게 한다. 신문사들은 본능적으로 전자 매체가 가진 속도가 위협이 될 것을 알고, 자신들에게 부족한 면모를 서둘러 보완하고자 했던 것이다.

학자들에 따르면 미국의 신문들이 정치적으로 자기 목소리를 내고 자기 지역의 이해관계를 적극적으로 대변할 수 있게 된 데에도 전신의 역할이 컸다고 한다. 미국은 전신이 등장하기 전까지는 철도와 우편, 신문을 이용해 정치적 견해를 중앙에서 통제하는 체제를 유지했다. 특히 지방 신문은 워싱턴에서 발행하는 신문과 정부간행물들을 우편으로 받아 보았기 때문에 철저히 수도 중심의 정치적 견해를 답습할 수밖에 없었다. 하지만 전신이 발달하면서 신문들이 다룰 수 있는 영역이 다양해졌고 관심도 분산되기 시작했다. 지역 언론은 정치적 중심지인 워싱턴에 직접 취재기자를 보내 속보를 처리할 수 있었고, 중앙의 정치적 관점을 따를 필요도 없었다. 이후 정부가 나서서 신문들에게 획일적인 국가의 견해를 요구하는 것이 점점 힘들어졌다고 한다.

미국 내뿐만 아니라 세계 각국에서 일어나는 일을 하루 이틀 만에 알 수 있게 되면서, 신문은 이전에는 들을 수 없었던 이야기를 사람들에게 전달할 수 있게 됐다. 이는 신문의 부수 확대와 영향력 증가로 이어졌다. 전신을 이용해 광범위한 지역에서 정보를 수집할 수 있게 되면서 이전에는 관찰할 수조차 없었던, 예컨대 다른 지역에서 동시간대에 벌어지고 있는 기상이변 소식까지 전하게 된 것은 인류의 인식 지평을 넓혀준 '사건'이었다. 여기에 사진 기술이 신문 편집에 도입되면서 사실보도의 기준이 정립되기 시작했고, 믿거나 말거나 식의 보도를 일삼던 옐로저널리즘 시대의 관습에서도 벗어나기 시작했다. 당시에 설립된 신문사들의 제호에 전신을 뜻하는 '텔레그래프(telegraph)'가 들어가는 경우도 많았다. 이는 그만큼 정확하고 빠르다는 의미였다.

전신은 기자들이 글을 쓰는 방식도 바꿨다. 이즈음부터 이른바 '전문체의(telegraphic)'니 '전문체(telegraphese)'니 하는 단어가 영어에 등장하기 시작했다. 작가를 겸업했던 초창기 기자들이 화려한 수사를 동원해 꾸민 신문 기사는 비싼 돈을 들여 전신으로 걸어 보내기에는 군더더기가 너무 많았다. 신문사 입장에선 비용 낭비였다. 이에 신문기자들은 적은 단어 속에 더 많은 정보를 담아내는 방법을 찾아야 했다.[6] 비용도 비용이었지만, 이는 신문의 속보 경쟁을 위해서도 중요했다. 그 결과 전신을 이용하기 시작하면서 문체는 갈수록 간결해졌고, 요점만 전달하는 방식이 자리 잡았다. 특히 전송 도중에 끊기는 경우에 대비해, 기사를 쓸 때 중요한 내용을 맨 앞에 배치해 기술하는 방식을 사용하게 되었다. 지금도 칼럼이 아닌 일반 기사의 경우 '역피라미드 구조'로 불리는 두괄식으로 쓰는 것이 일반적이다.

화려한 문체를 기사에 쓰지 못하게 되자 이게 개탄하는 사람들도 있었다. 당시 일부 기자들은 기술의 보급이 글쓰기 방식까지 바꿔놓자 저항감을 나타냈다. '부탁 말씀 드리겠습니다'라는 글을 쓰는 데에도 많은 돈이 든다며, 전문체를 쓰게 된 이후로 글에서 예의가 없어지고 다정한 표현들이 사라졌음을 안타까워했다.[7]

점점 건조해지는 문체에 대한 불만을 드러낸 것이다. 하지만 신문 기사는 원래 지면이라는 제한된 공간에 내용을 담기 위해 최대한 내용을 압축하기 때문에 많은 측면에서 전신의 속성과 부합했다. 필자 역시 신참 기자 시절 간결하고 압축적으로 기사를 줄이는 훈련부터 받았다. 하지만 인터넷 매체가 등장하면서 분량의 제약을 받지 않는 신문 글쓰기도 등장했다.

기자뿐만 아니라 일반인들도 통신비를 아끼려면 메시지를 최대한 짧게 줄여야 했다. 요즘 인터넷 채팅이나 문자메시지를 보낼 때 축약어를 쓰는 것처럼 과거에도 축약어를 사용하는 경우가 많았다. 1880년대에 미국 상인들은 단어 수를 줄이기 위해 자기들끼리만 통하는 축약어를 상거래에 사용했다고 한다. 이 과정에서 예기치 않은 사고가 나기도 했다. 1887년 미국의 한 양모상이 중개인에게 전신을 보냈는데 핵심 단어가 잘못 전송되어 막대한 손해를 입게 되었다. 엉뚱한 메시지를 본 중개인이 불필요한 양모를 대량 사들이기 시작한 것이었다. 이에 양모상은 웨스턴유니언을 상대로, 당시 화폐로 2만 달러의 손해가 생겼다고 소송을 제기했다. 통신비 몇 푼을 아끼려고 몇 글자 줄였다가 어마어마한 손해를 본 것이다.[8]

호모텔레커뮤니쿠스, 통신하는 인간

전신은 인류의 생활에 혁명적 변화를 가져왔다. 이전에는 소식을 전할 때 사람이 직접 전달하는 것이 가장 안전했다. 비둘기 다리에 쪽지를 묶어 날리거나 봉화를 이용하는 방법도 있었지만 제대로 전달됐는지 알 수 없는 경우가 많았고, 사전에 약속한 간단한 내용 이상의 메시지를 전하기 어려웠다. 전신의 등장은 통신이 교통수단으로부터 분리됨을 의미했다. 즉 물리적 이동에 구애되지 않고 원하는 정보를 보낼 수 있게 된 것이다. 마셜 매클루언은 지금은 고전이 된 『미디어의 이해』에서 "이전의 모든 테크놀로지는 사실상 우리 몸의 어느 부분의 확장인 반면에, 전기는 뇌를 포함한 중추신경 조직 자체를 밖으로 드러냈다"고 말한다.[9] 통신의 본질을 드러내는 말이다. 전기를 이용한 미디어가 속도나 전달 방식 면에서 훨씬 직접적으로 영향을 미쳤기 때문이다. 2차대전이 끝난 후 뉘른베르크 전범재판에서 독일 군수장관 출신인 알베르트 슈페어는 전기 미디어가 독일인의 생활에 미친 영향에 대해 신랄하게 표현했다. "전화, 전신 타자기, 전신으로 인해 명령이 최고위층에서 최하위층으로 직접 하달되는 것이 가능했다. 그 명령은 뒤에 숨어 있는 절대적 권위 때문에 아무런 비판 없이 수행됐다." 이 말은 전기 미디어가 인간에게 얼마나 직접적으로 작동하고 의식에 영향을 미칠 수 있는지를 보여준다. 당시에 전기 미디어를 통해 전달된 명령은 아무런 비판도 반성도 없이 무조건 수행해야 하는 지상명령으로 받아들여졌다는 뜻이다. 전기 미디어의 등장으로 인해 인간은 철저히 수동적인 상황에 놓일 수밖에 없었다고 주장한 셈이다. 나치 홀로코스트 재판에서 전범으로 세워진 수많은 독일 젊은이들이 "나는 명령을 수행했을 뿐"이라고 말한 것과 일맥상통한다.

　　전기통신을 이용한 의사 전달은 그 신속성과 전달 방식으로 인해 권력 최상층부의 말이 전파되는 방법에 변화를 가져왔다. 이전에는 집단적이고 즉각적인 명령 전파 수단이 없었기에 군사적 명령이나 정치적 견해는 피라미드식으로 층층이 하달되는 과정을 거쳐야 했다. 아무리 목소리가 큰 군주나 지도자라고 하더라도 자신의 목소리로 직접 통솔할 수 있는 부대원의 숫자는 기껏해야 100명 정도였다. 로마군이 백인대를 운영한 것도 결국 이런 물리적 한계를 감안했기 때문이다.

인간이 형성하는 집단의 자연적 크기에 대해 연구해온 로빈 던바 박사에 따르면, 이는 인류의 두뇌가 처리할 수 있는 지인(知人) 네트워크의 한계와 일치한다. 이른바 '던바의 법칙'이다. 그는 고대 수렵·채집 사회에서는 집단이 커지면 사냥이 잘되고 맹수에 대항하기 쉬워지는 장점이 있었는데, 다만 지능과 감정이 있는 영장류의 경우에는 집단 규모에 비례하여 내부 갈등도 커지고 일종의 권력투쟁도 심화된다고 봤다. 그는 집단 구성의 이익과 비용의 접점에서 고대 세계의 개별 단위 집단의 평균 인원이 150명 내외로 형성되었음에 주목했다.

이는 인간의 뇌 용적과도 관계가 있다. 200만 년 전에 출현한 호모에렉투스는 뇌 용적이 700~800시시였고 약 70~80명 규모의 집단을 이루고 살았다. 20~30만 년 전에 출현한 현생인류 호모사피엔스는 뇌 용적이 1300~1400시시로 늘어났고, 집단의 규모도 2배가량 증가한 150명 정도가 되었다고 한다. 이는 단순히 두뇌의 크기뿐만 아니라 신피질의 면적과도 관계가 있다. 같은 두뇌 크기라도 신피질이 상대적으로 작은 올빼미원숭이의 경우 10마리 이하의 집단을 이루는 반면, 신피질이 큰 침팬지는 50마리 이상 집단을 이룬다.

150명 규모가 적정 수준으로 수렴되면서 정교한 의사소통을 위한 언어가 발달하고 일상적 잡담이 중요한 기능을 하게 됐다. 호모에렉투스 단계인 80명 이내 집단에서는 구성원들끼리 서로 직접 교류하면서 생활할 수 있었다. 여기서 더 나아가 호모사피엔스 단계에 이르러 구성원이 150명 수준으로 늘어나면서 모든 사람과의 직접적 교류에 한계가 생겨 서로 평판과 신뢰성을 알아야 했고, 그에 따라 정교한 언어가 발달하고 잡담 시간도 많아졌다고 한다. 영장류 역시 집단이 클수록 이른바 사회적 활동에 할애하는 시간이 많아졌다. 침팬지 집단의 경우 하루 중 깨어 있는 시간의 20퍼센트를 털 고르기 등을 하면서 보낸다.

던바의 이론이 맞다면, 오늘날 스마트폰의 시대에 우리가 하루 종일 페이스북과 카카오톡을 들여다보는 것이나 침팬지가 무리에서 서로 털 고르기를 하는 것이나 본질적으로 차이가 없지 않을까. 두뇌의 용량과 신피질 면적으로 인해 오랜 세월 인간의 교류 범위가 150명 정도로 제한되어 있었다면, 이제는 그 범위가 수백~수천 명으로까지 확대되었다. 아무리 멀리 떨어진 곳에 있어도, 중심에서 이뤄지는 결정이 즉각 영향을 미칠 수 있게 된 것이다. 인터넷과 스마트폰의 보급으로 인해 이미 지구의 거의 모든 인간들이 연결된 상태로 존재할 수 있게 됐음을 생각하면, 먼 훗날 인류의 뇌 용량은 지금보다 더 커져야 할지도 모르겠다.

매클루언에 따르면, 전기적 미디어(전신과 전화)는 사회의 모든 제도 사이에 일종의 유기적 상호 의존 관계를 만들어낸다. '연결'을 통해서다. 비유적으로 표현하자면, 그는 전기적 미디어가 사회에서 마치 호르몬처럼 작동한다고 봤다. 몸속의 화학물질인 호르몬이 신체에서 멀리 떨어진 기관의 기능을 규제하고 조정하기 위해 작동하는 것처럼, 미디어 역시 사회 전체를 원활하게 돌아가게 한다는 것이다. 이는 태초의 인류 집단에서 언어가 생겨난 과정과 비슷하다. 하지만 전기적 미디어는 그 이전에 인간이 경험해보지 못한 속도와 효율성을 사회에 불러오게 했다. 그 결과, 나치에 동조한 사람들처럼 직접적인 지시를 받지 않고도 무비판적으로 명령과 메시지에 순응하게 만들기도 하는 것이다. 마치 인체에서 반사작용이 일어나는 것처럼 순식간에 여론이 들끓고, 단 하나의 메시지를 이용해 군중을 동원하는 것이 가능해질 수도 있다. 이 때문에 스마트폰과 소셜미디어의 보급이 민주주의에 긍정적인 영향을 끼치지만은 않을 것이라는 전망도 나온다. 라디오 기술이 처음 보급되었을 때 이를 이용한 대중 동원을 통해 가장 큰 재미를 본 사람이 바로 히틀러였지 않은가. 소셜미디어 시대에 새로운 독재의 출현을 염려하는 사람들도 있다.[10]

통신, 체제 유지의 수단

근대 이전의 사회가 통신수단을 갖추지 않았던 것은 아니다. 통신, 즉 커뮤니케이션용 기술은 고대 이래로 체제 유지를 위해 가장 필요한 것이었다. 각 지역을 연결하고 정보와 물자가 통하도록 하는 것은 커뮤니케이션의 기본이다. 중앙집권제 국가는 오래전부터 자체적인 커뮤니케이션 방식을 갖추기 위해 노력했다. 가장 대표적인 것이 말(馬)을 이용해 서신을 전달하는 방식이었다. 이를 통해 중앙정부의 주요 결정 사항이나 공문서가 각 지역으로 퍼져나갔다. 중앙의 소식을 전달하기 위해 지역마다 역참을 만들고, 그 사이를 말을 타고 달렸다. 이 역참 사이를 달린 말이 파발마다. 역참 제도는 동서양을 통틀어 가장 오래된 형태의 국가 커뮤니케이션망이다. 인구가 100만이 채 되지 않았던 몽골이 아시아에서 유럽에 걸친 최초의 대제국을 건설할 수 있었던 것도 빠른 말과 기수를 이용해 역사상 가장 빠른 역참 제도를 갖췄기 때문이다.

중국에는 사람이 뛰어가서 메시지를 전달하는 보체(步遞)와, 말을 타고 가서 전달하는 마체(馬遞)가 있었다. 소식을 전한다는 의미의 한자 '체(遞)'는 지금도 우체국(郵遞局)이라는 말에 남아 있다. 우리의 경우 조선 시대에 보체를 보발(步撥), 마체를 기발(騎撥)이라고 불렀다. 선조 16년인 1583년에 보발이, 1592년에 기발이 설치됐다고 한다. 조선 인조 때는 서발, 북발, 남발의 3대로를 근간으로 운영했다. 서발은 의주에서 한성까지, 북발은 경흥에서 한성까지, 남발은 동래에서 한성까지로, 남발이 7일, 북발이 12일 정도 걸렸다. 파발 제도는 조선 후기까지 유지됐으나 갑오개혁 이후 전신 전화 등이 등장하면서 사라졌다.[11]

로마 귀족들 사이에는 파피루스에 문서를 필사해서 공유하고 여백에 요즘 댓글처럼 의견을 적어 다른 사람들과 돌려 보는 문화가 있었다. 이 문서를 들고 뛰어다닌 것은 노예들이었다. 이들이 일종의 통신망이었던 셈이다. 이를 통해서 귀족들을 중심으로 정치적인 여론이 형성되었다. 노예들 중 글을 쓸 줄 아는 필사 전문 노예들을 뽑아 이 역할을 맡겼다. '악타 디우르나(Acta Diurna)'라고 불리는 로마의 일일관보는 발표 즉시 노예들이 사본을 만들고, 이는 제국 전역의 귀족들에게 전파됐다. 미국 방송 제작사 HBO의 유명 역사극 〈로마〉에는 포룸(광장) 한가운데서 매일 관보를 소리 내어 읽는 사람이 나온다. 요즘으로 치면 뉴스 앵커인 셈인데, 이 관보를 다 읽은 뒤 포룸 게시판에 붙여두면 노예들이 득달같이 달려들어 그대로 필사했다. 이렇게 필사된 관보는 제국 곳곳으로 퍼져나갔다. 로마의 소식이 지금의 영국인 유럽 서쪽 끝 브리타니아까지 가는 데는 5주가 걸렸고, 동쪽 끝 시리아에 도달하는 데는 7주가 걸렸다고 한다. 당시에는 공식 우편제도가 없었지만, 엘리트 계층은 자신들끼리 거미줄 같은 연락망을 유지하고 있어서 정보를 입수하고 편집하고 다시 유포할 수 있었다.[12]

이보다 훨씬 빠른 통신수단으로 봉수가 있었다. 그런데 봉수는 불이나 연기를 피우거나 피우지 않는 온 앤 오프(On & Off) 방식이어서 전달할 수 있는 메시지 종류에 한계가 있었기에 외적의 침입이나 재난과 같은 위급한 사태를 전하는 데에만 주로 이용했다. 일종의 국가 재난용 통신수단이었던 셈이다. 스위치를 켜고 끄는 듯한 형태로 메시지를 전달했다는 점에서 최초의 이진법 체계 의사소통 방식으로 볼 수도 있다.

봉수제도는 고대 서양에서도 발견된다. 그리스인들이 남긴 문학작품을 보면 기원전 12세기에 벌어진 트로이전쟁에서 봉화가 사용되었음을 알 수 있다. 아이스킬로스의 희곡을 보면 등장인물들이 트로이 함락 소식을 640킬로미터나 떨어진 미케네에서 당일 저녁에 접했다는 내용이 나온다. 이 고대 희곡에서 합창단은 의심의 눈초리로 이렇게 묻는다. "그럼 누가 그렇게 빨리 소식을 전해준 거죠?" "불의 신인 헤파이스토스가 신호를 봉화대에서 봉화대로 계속 전달한 덕분"이라고 합창단은 노래한다. 독일의 역사학자 리하르트 헤니

히는 1908년, 이 희곡에 나오는 봉화 전달 경로를 추적하고 직접 측정해 고대 세계에서 이런 봉화 체계가 가능했음을 확인했다.

우리나라의 경우 『삼국사기』나 『삼국유사』에 봉수를 사용한 기록이 남아 있다. 봉수는 처음부터 군사적인 목적으로 개발됐다. 변방의 안위를 중앙으로 전달하는 것이 주목적이었다. 낮에는 '연기'(燧·수), 밤에는 '불빛'(烽·봉)으로 전한다고 해서 봉수라고 불렀다. 불이나 연기를 피워 올리는 횟수를 증감하는 방식이었다. 비나 눈이 내려서 봉수 신호가 제 역할을 못 하면 봉수꾼이 직접 다음 봉수대로 달려가야 했다. 전국의 모든 봉수가 집결하던 남산의 중앙 봉수는 특히 중요했다. 남산 봉수에 당도한 정보는 병조와 승정원을 거쳐 임금에게 보고되었다. 전국의 봉수가 전해지는 경로는 총 5개였으며, 이에 따라 남산 봉수대는 5기로 마련되었다. 근래에 관광용으로 만든 것이기는 하지만, 지금 남산 팔각정 곁에는 봉수 5기가 남아 있다. 임진왜란이 처음 벌어졌을 때 조선이 제대로 대처하지 못한 것은, 조선 초기와 달리 재난에 대비한 봉수가 제대로 가동되지 않았기 때문이라는 분석도 있다.[13]

chapter 2

전기, 소리를 뚫고 나오다

목소리와 권력, 그리고 테크놀로지

목소리는 '권력'을 뜻하는 의미로 종종 사용된다. 예컨대 어떤 조직 내에서 '목소리가 크다'고 하면, 그 사람의 발언에 무게가 실리고 가급적 많은 구성원에게 전해질 수 있다는 의미다. 독백이 아닌 이상, 입 밖으로 나온 말은 누군가에게 전달되어야 한다. 그 옛날, 확성기가 나오기 전에는 목소리가 큰 사람이 아니면 군대를 지휘하기도 힘들지 않았을까.

인류는 수만 년 동안 동굴에서 살았다. 그곳은 생활의 터전이면서 주술 의례가 행해지고, 정치적 삶이 이뤄지는 장소였다. 1990년대 초에 프랑스의 아르시쉬르퀴르(Arcy-sur-Cure)라는 곳에서 네안데르탈인이 살았던 동굴이 발견되었다. 이곳에선 100점 넘는 벽화까지 나와 고고학계의 비상한 관심을 모았다. 방사선 연대 측정 결과, 이

벽화들은 대부분 3만 년 전에 그려진 것으로 추정된다.[1]

고고학자들은 이 동굴에서 또 다른 중요한 정보를 하나 발견했다. 발굴 도중에 우연히 알게 된 사실인데, 동굴 내부의 그림이 집중적으로 발견된 지점에서 말을 하면 동굴 가장 깊숙한 곳뿐만 아니라 동굴의 입구까지도 목소리가 또렷하게 전해진다는 점이었다. 당시 발굴단은 마치 잘 설계된 오케스트라 홀에 있는 것처럼 동굴 전체에 목소리가 퍼져나가는 '음향 효과'를 경험했다고 한다. 소리 울림이 깊은 지점에는 그림들이 화려하게 그려져 있었다. 그 순간 학자들은 원시인이 왜 이 동굴을 생활 터전으로 삼았는지 이해하게 되었다. 그러니까 동굴에서 목소리가 가장 잘 퍼져나가는 위치는 음향 시설을 갖춘 일종의 집회 장소였던 것이다. 3만 년 전 어느 부족의 지도자가 자기의 목소리를 구성원들 모두가 들을 수 있도록 이 장소를 찾아냈고, 여기에 부족을 불러 모으지 않았을까. 많은 사람들에게 자기의 목소리를 들려주고 그들을 자신이 원하는 방향으로 움직일 수 있다면, 그것이야말로 힘의 원천이었을 것이다.

첨단 과학기술이 발달한 지금도 우리는 권력자의 목소리를 꽤나 자주, 그것도 신속하게 들을 수 있다. 세계 각국의 정치 지도자들, 특히 도널드 트럼프 미국 대통령 같은 사람들이야말로 미디어의 주인공이지 않은가. 이들은 TV와 라디오 뉴스의 단골 주인공이다. 요즘은 트위터와 페이스북을 통해서도 정치 지도자와 유명인들의 목소리가 순식간에 전파되고 있다. 이 역시 트럼프 대통령이 대표적이다. 그가 팔로어를 거느리는 행위는 묘하게 원초적인 느낌을 준다.

2차대전을 일으킨 독일 나치당의 히틀러는 역사상 최초로 미디어를 통해 자기 음성을 대중에게 직접 전달한 지도자였다. 전기를 이용하는 미디어, 즉 라디오의 등장으로 인해 가능해진 일이다. 독일 작가 귄터 그라스의 소설 원작을 배경으로 한 영화 〈양철북〉에도 나오듯이, 라디오에서 히틀러의 음성이 흘러나오면 독일 국민들은 무엇에 홀린 것처럼 스피커 앞으로 다가가 '총통의 목소리'를 들었다. 권력의 중심에서 나오는 목소리를 대중들이 그대로 듣는 체험은 이전에는 생각지도 못한 것이었다. 지배자의 목소리를 듣는 것은 권력과 가장 가까운 거리에 있는 소수에게만 부여된 특권이었기 때문이다. 그러나 통신 기술은 이를 가능하게 만들었다.

히틀러는 웅변을 통해 다른 사람의 마음을 움직이는 전문가였다. 말에 힘이 넘쳤고 유머 감각도 풍부했다. 게다가 목소리까지 좋았다. 나치의 선전 홍보 전략 담당자 괴벨스는 '총통의 목소리'야말로 대중을 움직일 수 있는 최고의 무기라는 것을 간파했다. 그는 매우 적극적으로 라디오 보급 운동을 펼쳤다. 노동자들은 싼값에 라디오를 구입할 수 있었다. 독일 국민들은 라디오로 전달되는 히틀러와 나치당의 메시지를 듣고, 그들의 정책을 지지하게 되었다. 이를 통해 그는 전 국민의 지지 속에서 2차대전까지 벌일 수 있었다.[2] 그의 연설은 독일 대중에게 직접적으로 영향을 미쳤다. 히틀러는 연설이 망치로 치는 것처럼 강하게 민중을 두드려 그들의 마음을 열 수 있어야 한다고 생각했다. 감독 겸 배우 찰리 채플린은 히틀러의 목소리에 독일 국민들이 놀아나는 현상이 얼마나 부조리한지를 영화 〈위대한 독재자〉를 통해 풍자적으로 보여준다. 히틀러는 당시 자신의 연설 영상을 영화로도 많이 만들었는데, 불 꺼진 극장에서 듣는 총통의 웅변 음성과 영상은 아마도 수만 년 전 인류가 동굴 깊숙한 곳에서 들려오는 부족장의 목소리를 들을 때처럼 독일 국민들에게 큰 영향력을 발휘했을 것이다.

독재자들만 자신의 '목소리'를 이용해 영향력을 높이는 방법을 쓴 것은 아니다. 유럽에서 히틀러가 부상하고 있던 시기, 대서양 건너 미국에선 프랭클린 루스벨트 대통령이 라디오 담화를 통해 '뉴딜' 등 자신의 정책을 국민에게 설득했다. 연방정부가 경제에 적극적으로 개입하는 행위에 대해 당시 미국 사회에서는 반대의 목소리가 높았다. 미국 사회를 구성하고 있는 근간인 개인주의와 자본주의, 자유시장경제 원칙에 위배된다는 이유에서였다. 이에 루스벨트는 직접 라디오에 출연해 경제 정책을 소상하고 친절하게 설명했다. 이 전략은 10년 넘는 그의 재임 기간 내내 이어졌다. 기존 정치인의 연설과는 전혀 다른 그의 친근한 담화는, 각 가정의 거실 중앙에 놓인 라디오를 통해 국민들 사이로 파고들었다. 그의 라디오 연설은 '벽난로 담화'라고 불렸다.[3] 별다른 즐길 거리가 없던 시대, 저녁을 먹고 벽난로 근처에 둘러앉아 있을 때 라디오에서 들려오는 대통령의 이야기가 어떻게 인기가 없을 수 있겠는가. 루스벨트는 웅변가이자 달변가였던 히틀러와는 전혀 다른 방식으로 라디오를 활용해 대중의 마음을 움직인 것이다.

　영국의 사정도 별반 다르지 않았다. 콜린 퍼스가 주연한 영화 〈킹스 스피치〉를 보면, 말더듬증이 있는 조지 6세(현 영국 여왕 엘리자베스 2세의 아버지)가 2차대전 시기 라디오 연설을 앞두고 대중이 자신의 말솜씨를 조롱할까봐 고민하는 모습이 그려진다. 하지만 그는 자신의 약점을 극복하고 감동적인 라디오 연설을 펼쳐 영국 국민을 하나로 뭉치게 했다.

　목소리를 높이고, 더욱 먼 곳까지 전달하고 싶은 욕망, 궁극적으로는 목소리를 재생하려는 욕망은 커뮤니케이션과 정보처리 기술의 발전을 가져왔다. 목소리와 관련된 테크놀로지는 19세기 말에 시작해 현대를 규정하는 핵심 기술이 되었다. 이 음성을 다루는 기술로부터 TV와 라디오가 등장했고, 휴대전화와 컴퓨터까지 기술의 진보가 끊임없이 이어졌다. 우리는 이제 시간과 장소에 구애받지 않고 전 세계 누구와도 소통할 수 있다. 우리의 목소리는 해저에 설치된 케이블을 따라 바다 건너편으로 전해지고, 우주 공간에 떠 있는 위성에도 전해진다. 그리고 소리와 관련된 이 모든 기술 진보의 역사는 1876년, 미국 보스턴의 한 연구실에서 시작되었다.

소리를 전기신호로 만들다

"왓슨! 이리 와서 나 좀 보게.(Mr. Watson! Come here. I want to see you.)"

1876년 어느 날 전화를 연구하던 알렉산더 그레이엄 벨이 지하실에 있던 조수 왓슨에게 발신기에 대고 건넨 첫 마디였다. 그 말을 하고 얼마 지나지 않아 기적처럼 왓슨이 벨 앞에 나타났다. 이전까지는 실험을 하면서 아무리 불러도 온 적이 없었다. 지하실과 2층 연구실 사이 거리가 멀었으므로 벨이 부르는 소리를 그가 직접 듣고 왔을 리는 만무했다. "자네 어디 있었나? 내가 부르는 소리가 들렸나?" "네, 똑똑히 들렸습니다." 인류의 역사를 바꾼 물건, 전화기가 탄생한 순간이다.

소리는 수천수만 년 동안 인간이 붙잡을 수도, 멀리 전달할 수도 없는 것이었다. 시원찮은 소리의 전달과 보존을 둘러싸고 벌어지는 「임금님 귀는 당나귀 귀」 설화 속 블랙코미디는 애처롭기까지 하다. 현대에 들어서 우리는 녹음된 통화 기록이 재판에서 증거로 채택되고, 때로는 그것이 어떤 이들의 인생을 극적으로 변화시키는 것을 수시로 목격한다. 이러한 일이 가능해진 것은 바로 전화기와 축음기의 발명 덕분이었다.

전화는 19세기에 들어와 발명가들이 음성언어를 어떻게든 전달 가능한 무언가로 만들어보려고 끊임없이 시도하는 가운데 탄생했다. 벨은 처음부터 전화기를 만들려고 했던 것은 아니다. 벨 집안은 할아버지 대부터 청각장애인의 발음 교정을 돕는 교사로 활동했다. 게다가 벨의 어머니와 아내가 모두 청각장애를 갖고 있었다. 이렇다 보니 그에게는 청각장애인들이 처한 상황을 개선하는 것이 평생의 관심사였다.

벨이 고안한 전화기는 인간의 고막을 본뜬 형태였다. 이는 그가 사람 귀의 구조에 대해 누구보다 잘 알았기 때문일 것이다. 벨의 생각은 단순했다. 만약 우리가 귀로 듣는 소리를 다른 형태의 신호로 만들어 전달하고 이를 다시 소리 신호로 재현할 수 있다면 소리를 멀리 떨어진 곳으로 전달할 수 있겠다는 것이었다. 이렇게 하면 자신의 아내와 같은 청각장애인들을 오랜 침묵의 감옥에서 벗어나게 할 수 있으리라 생각했을 것이다.

벨은 1874년 어느 날 음향 기기에서 나는 소리의 떨림을 재를 묻혀둔 유리에 기록하는 실험을 하고 있었다. 신기하게도 소리의 떨림은 일정한 패턴으로 그려졌다. 그러다 문득 이 원리를 적용해 음파를 표시하고 전선을 통해 이를 전달하는 전기 장치를 개발할 수 있을지도 모른다는 아이디어를 떠올렸다. 전화기의 구조에 대한 아이디어가 번뜩인 것이다. 하지만 그는 토머스 에디슨처럼 전문적인 발명가가 아니었다. 기술적으로 도와줄 사람이 필요했다. 이런 부족한 점은 기계 전문가이자 전기 실험 도구 설계자인 토머스 왓슨을 만나면서 해결됐다. 벨이 왓슨을 실험실 조수로 채용해 구체적인 연구와 실험을 진행하면서 비로소 체계가 잡혀 갔다. 이후 무수한 실험을 반복하던 도중 벨과 왓슨 두 사람은 떨림판을 잡아당기면 거기 연결된 금속선을 통해 소리가 전달되는 현상을 우연히 발견하게 된다.

사실 전화기의 원리는 간단하다. 먼저 우리가 다른 사람이 하는 말을 듣게 되는 원리는, 우리의 입에서 소리가 나오면 공기를 매개로 파동이 만들어지고, 그 파동이 듣는 사람의 귀의 고막을 두드려 다시 음성 정보로 바뀌는 과정이라고 보면 된다. 소리는 공기를 타고 전달되지만, 전화는 공기가 아닌 전기신호를 타고 전달된다는 것이 다를 뿐이다. 물론 전기로 전달된 신호를 다시 소리 신호로 바꾸는 역과정이 추가된다. 중세 이후 많은 과학자들이 소리가 보이지 않는 파동의 형태로 공기를 통과하는 것이라는 가정을 세우고 이를 증명해 보이기도 했다.

벨이 전화기를 발명하기 45년 전, '전기로 세상을 바꾼 남자'라 불리는 마이클 패러데이는 철이나 강철 조각의 진동을 전기의 펄스(pulse)로 변환할 수 있다는 것을 과학적으로 입증했다. 펄스란 아주 짧은 시간 동안만 흐르는 전류를 뜻한다. '소리를 내서 금속 조각을 진동시키고, 그 진동이 전기의 펄스로 변환된다면 음성을 전기신호로 바꿀 수 있지 않을까' 하는 생각이 바로 전화기를 만든 원리였다. 벨의 전화기 역시 이 펄스의 원리를 충실히 따르고 있다. 말하자면 벨은 진동판의 움직임을 전류를 통해 전송하고 그것을 다시 소리로 재생해내는 방법을 발명한 셈이다.

사실 전화기의 원리는 간단하다. 먼저 우리가 다른 사람이 하는 말을 듣게 되는 원리는, 우리의 입에서 소리가 나오면 공기를 매개로 파동이 만들어지고, 그 파동이 듣는 사람의 귀의 고막을 두드려 다시 음성 정보로 바뀌는 과정이라고 보면 된다. 소리는 공기를 타고 전달되지만, 전화는 공기가 아닌 전기신호를 타고 전달된다는 것이 다를 뿐이다. 물론 전기로 전달된 신호를 다시 소리 신호로 바꾸는 역과정이 추가된다.

벨이 전화를 발명했다기보다는 '완성했다'는 표현이 더 정확하다고 보는 사람들도 많다. 벨이 전화의 특허를 인정받기는 했지만, 그에 앞서 여러 다른 사람의 아이디어가 있었다는 사실에 주목한 견해다. 이들은 그 증거로 벨이 특허를 취득하기 전부터 '텔레폰(telephone)', 즉 전화기라는 용어가 존재했다는 점을 든다. 이탈리아 출신의 안토니오 메우치 Antonio Meucci 나 미국의 엘리샤 그레이 Elisha Gray 등이 벨보다 앞서서 더 좋은 기술력을 가진 전화기를 선보였다는 것이다. 하지만 메우치나 그레이 역시 하늘에서 뚝 떨어진 것처럼 어느 순간 갑자기 전화기를 발명한 것은 아니었다. 전화와 관련된 기술은 이미 1830년대부터 개발되고 있었다. 1861년에는 독일의 라이츠가 사람 귀 구조를 본뜬 모형에 전선을 연결한 형태의 전화기를 직접 만들어 선보이기도 했다. 전화기에 '텔레폰'이라는 이름을 붙인 사람도 그였다.[4] 이러한 논란은 벨이 전화 사업을 처음 시작할 때부터 있었다. 따라서 그는 수많은 특허 소송을 겪어야만 했다. 하지만 벨은 누구보다 먼저 특허권을 접수시켰기에 미국 전화 산업의 최종 승자가 될 수 있었다. 기술뿐만 아니라 특허의 중요성을 너무 잘 알았기에, 다른 발명가들이 역사의 뒤안길로 사라져갈 때 벨은 전화의 창시자로 남을 수 있었다. 이는 모스도 마찬가지였다. 이들의 후계자라고 할 수 있는 실리콘밸리의 발명가와 기업가들 역시 마찬가지다.

벨이 애타게 왓슨을 찾던 그날로부터 39년이 흐른 1915년, 벨은 왓슨에게 다시 한 차례 더 "왓슨! 이리 와서 나 좀 보게"라는 말을 하게 된다. 하지만 왓슨은 이번에는 벨의 소리를 듣고도 달려갈 수 없었다. 왓슨은 미국 서부 샌프란시스코에, 벨은 동부인 뉴욕에 있었기 때문이다. 미국 전화회사인 AT&T가 미국 동부에서 서부로 대륙을 가로지르는 전화선을 최초로 연결한 직후, 그 회사 창업자이자 전화의 발명자인 벨을 불러 최초의 대륙 횡단 통화를 시도하는 이벤트를 마련한 것이었다. 왓슨의 대답은 39년 전과는 달랐다. "지금 거기까지 가려면 일주일은 걸릴 텐데요."

 벨의 전화 발명은 물리적 세계에 속한 목소리를 처음으로 전기에너지로 바꾸는 성과를 이뤄냈다. 인류는 목소리를 전기로 만들어 가상의 공간에 잠시 보냈다가 다시 불러내는 기술을 처음으로 실현했다. 이후는 우리가 알고 있는 그대로다. 전화 기술은 발전을 거듭해 이제는 목소리와 사진, 동영상에 이르기까지 인간이 보고 듣는 감각의 거의 모든 것을 전기신호로 전환해 곳곳에 전달할 수 있게 되었다. 그리고 휴대전화에 이어 스마트폰까지 등장하면서 모든 인간은 24시간 접속된 상태로 언제든지 연락이 닿을 수 있는 형태의 삶을 살아가게 되었다. 벨은 전화가 상당히 보급된 뒤에도 정작 자신의 서재에는 전화기를 놓지 않았다고 한다. 서재에 있을 때만이라도 책을 읽거나 생각에 잠기는 시간을 고스란히 즐기고 싶었기 때문이다. 그는 종종 농담처럼 "나는 왜 전화를 발명했을까"라며 푸념했다고 한다. 전화가 우리 일상에 불쑥불쑥 개입하는 존재라는 것을 그는 이미 알았던 것이다.

전화기와 축음기, 아이폰과 아이팟

전화기를 제대로 된 물건으로 재탄생시킨 것은 에디슨의 공로다. 에디슨은 새로운 발명품을 만들어내는 것뿐만 아니라, 기존 발명품을 아무도 상상하지 못할 만큼 더 잘 작동하도록 만드는 데에도 재주가 있었다. 벨과 같은 시대를 살았던 에디슨은 소리를 전달하는 전화기라는 발명품의 진가를 진즉에 알아봤다. 그런데 에디슨이 생각하기에 벨의 전화기는 음질을 개선하지 않으면 무용지물에 불과했다. 에디슨 전화기는 탄소 입자의 접촉저항이 변화하는 것을 이용해, 말하는 이의 음파를 전류로 바꿀 때 신호 세기를 증폭한다.

에디슨은 아마 벨이 전화기를 만들었다는 사실을 전해 듣고는 그 얼개를 즉시 살폈을 것이다. 그러고는 벨 전화기의 단점을 파악하고, 그 즉시 신호의 세기를 키우는 방법을 연구하기 시작했을 것이다. 에디슨은 벨 전화기가 나온 바로 다음 해에 개량된 전화기를 내놓는다. 에디슨 전화기는 벨이 만든 전화기보다 훨씬 먼 거리에서도 통화를 할 수 있었다. 통화 품질을 높이는 데에 탄소를 사용한다는 발상의 전환을 한 덕분이었다. 에디슨은 탄소판을 음성 진동판과 고정 금속판 사이에 끼워놓았다. 그리고 음성 진동판의 진동에 의해서 일어나는 아주 작은 압력의 변화가 금속판으로 전달되기 전, 사이에 끼워진 탄소판의 전기저항에 큰 변화를 일으키도록 만들었다. 음성의 작은 변화를 전류 신호로 바꾸면서 증폭시킬 수 있게 만든 것이다. 라디오나 오디오의 볼륨을 올리는 행위도 신호의 세기를 키우는 것이다. 물론 이런 결과물이 그냥 나오지는 않았다. 에디슨은 탄소를 사용하기 전에 납, 구리, 망간, 흑연, 규소, 붕소, 이리듐, 백금을 비롯한 다양한 액체와 섬유로 실험을 했다고 한다. 그가 전구를 발명할 때 필라멘트에 쓸 물질을 찾아서 1000개 이상의 물질을 바꿔 끼워가며 실험했던 그 방식을 전화기 실험에도 적용한 것이다.

어느 순간 에디슨의 관심은 전화에서 축음기(스피커)로 방향이 바뀐다. 축음기는 벨의 전화기를 개선하는 과정에서 에디슨이 발전시킨 기술이다. 축음기 역시 고막과 비슷한 진동막을 기초로 하고 있다. 소리 정보를 가진 전류가 흐르는 가운데 스피커가 진동해서 전기적 신호를 다시 소리로 바꿔주는 것이다. 에디슨은 벨이 최초의 전화 발명가 자리를 차지한 이상 자신은 전화 분야에서 빛을 보지 못할 것으로 판단하지 않았을까. 전화 발명의 기회를 놓쳤기에, 당시까지만 해도 장거리 전송은 꿈도 못 꾸었던 전화보다도 뛰어난 목소리 전달 매체를 발명하려 한 것이 아닐까. 실제로 에디슨은 벨이 전화기 특허를 얻은 바로 다음 해에 축음기를 발명해 특허를 따낸다. 벨이 소리를 전달하는 기술을 개발했다면, 에디슨은 소리를 담아두었다가 재생하는 방법을 알아낸 것이다. 1876~1877년은 소리와 관련된 산업에서 두 명의 거장이 서로 아이디어를 주고받으며 신세계를 열어젖힌 해였다고 할 수 있다.

전화와 축음기는 이후 서로 다른 방향으로 발전해 휴대전화와 최첨단 오디오로 발전한다. 재미있는 것은, 훗날 스마트폰에서 전화와 음향 기기가 다시 만났다는 점이다. 애플의 창업자 스티브 잡스는 아이폰(iPhone)을 개발하기에 앞서 아이팟(iPod)을 먼저 개발해 보급했다. 아이폰이 전화기라면, 수백 곡의 음악을 저장해놓고 듣는 아이팟은 현대식 축음기라고 할 수 있다. 이렇게 '소리'를 다루는 전화기와 축음기는 처음 만들어질 때부터 서로 영향을 주고받으면서 세상에 등장했고, 지금껏 인접 기술로서 함께 발전해왔다.

벨이 처음부터 전화기를 만들려고 했던 것은 아니라는 이야기도 있다. 벨은 전화기를 발명하긴 했지만, 사실은 이것이 정확하게 어디에 쓰이게 될지 미처 알지 못했다. 벨이 처음에 생각했던 것은 요즘으로 따지면 라디오 같은 것이었다. 벨은 소리를 전달할 수 있으면 음악도 전할 수 있을 것으로 보고 자신의 발명품이 음악을 듣는 수단으로 많이 이용되리라 생각했다. 예를 들어 오케스트라나 가수가 전화선의 한쪽 끝에 앉아 연주하거나 노래하면, 전화선의 반대편 끝에 앉은 사람이 수화기를 통해 그 소리를 즐길 수 있을 거라고 봤다.

1876년 8월, 벨은 집에서 6킬로미터 떨어진 전보국으로 음성을 전송하는 실험을 했는데, 이때도 책 읽는 소리, 노래하는 소리 등을 전신선으로 전달하는 것을 시연했다. 이는 음성신호가 멀리 떨어진 곳에도 미칠 수 있음을 보여주는 실험이었지만, 동시에 벨이 목표로 했던 사업이 단순히 통화를 하는 것만이 아니라 노래를 들려주고 책을 읽어주는 기기를 만드는 것이었음을 시사한다. 요즘 스마트폰

이용자들이 전화를 이용해 통신회사의 서버에 있는 음악을 스트리밍으로 불러와 듣는 것을 보면 벨이 생각한 전화의 용도가 틀린 것은 아니었지 않나 싶다.

실제로 초창기 전화는 멀리 있는 누군가와 대화를 나누거나 연락을 취하기 위해서도 썼지만, 음악을 듣거나 뉴스를 전파할 때도 썼다. 20세기 초까지도 미국 뉴욕 중심가 곳곳에 설치된 공중전화 부스에서 음악을 듣거나 최신 뉴스를 듣는 사람을 자주 볼 수 있었다. 전화 가입자가 많지 않았기 때문에 전화 사업자들은 스스로 무언가를 가입자들에게 제공해야 할 필요성을 느꼈다. 전화회사가 사람들에게 제공해야 하는 그 무언가는 바로 콘텐츠였다. 한창 전화가 보급될 당시 유럽에서 가장 번화한 도시 가운데 하나였던 헝가리 부다페스트에서는 전화로 뉴스를 들려주는 서비스가 인기였다. 정해진 시간에 수화기를 들면 정시 뉴스를 포함해 주식시장 정보, 스포츠 중계, 강연회, 리사이틀의 생음악 등 다양한 콘텐츠를 들려주는 서비스였다. 전화가 종합 콘텐츠를 제공했던 셈이다. 주 고객은 호텔, 커피하우스, 병원 등 사람들이 많이 모이는 장소를 제공하는 업체들이었다. 하지만 이 서비스는 1차대전이 발발하면서 연일 계속되는 공습으로 통신망이 파괴되어 사라질 수밖에 없었다.

소리를 담다

오히려 지금의 전화기와 같은 기능을 가진 물건을 만들고 싶어 했던 이는 에디슨이었다. 에디슨이 축음기를 개발한 이유는 음악을 듣는 일과는 무관했다. 그는 우체국을 통해 음성 편지를 보내는 수단으로 축음기를 이용할 수 있다고 생각했다. 맨 처음 에디슨이 만든 축음기는 밀랍으로 된 원통형 두루마리에 음성을 기록하는 방식이었다. 어떻게 이런 방식의 축음기를 만든 것일까? 어느 날 에디슨은 원통에 감은 두루마리 종이에 모스부호를 기록하여 전송하는 실험을 하고 있었다. 그러다가 원통을 아주 빠르게 돌리면 종이에 새겨진 자국에서 웅웅대는 소리가 난다는 것을 발견했다. 그는 기계에 진동막을 연결해보았다.[5] 그가 벨의 전화기를 개선하면서 인간 귀의 구조를 본떠 소리를 전기신호로 바꾸는 방법에 대해 숙지했기에 이런 발상이 가능했을 것이다. 그리고 실제로 그가 진동막에 대고 말을 하자 진동막이 목소리에서 나오는 음파의 진동을 받아 원통 표면에 그 형태를 새겼다. 원판은 자국을 내기 좋은 물질로 씌워져 있었다. 그리고 신기하게도, 에디슨이 자기 목소리로 만들어진 음파 자국에 바늘을 갖다 대고 원통을 돌리자 이번엔 진동막이 다시 진동하면서 방금 했던 말이 희미하게 되살아났다. 평평한 원판 대신 둥근 원통을 이용하긴 했지만 이는 현재 레코드 원판에 소리를 새기는 방식과 일치한다. 그는 세계 최초로 말을 저장하고 다시 되살리는 방법을 고안해낸 것이다. 그 당시 잡지에는 에디슨의 장비를 통해 "언어가 불멸이 되었다"고 감탄하는 기고문이 실리기도 했다.

사업 수완이 뛰어났던 에디슨은 곧바로 회사를 설립하고 전국을 돌며 이 장치를 홍보했다. 또 전시 기획자들로 하여금 무대에서 축음기로 군중들에게 여러 언어로 녹음된 말소리를 들려주는 행사를 열도록 했다. 소리를 저장해서 반복적으로 들을 수 있다는 것은, 당시 대중에게는 소리를 먼 곳으로 전달하는 벨의 전화기 못지않게 신기한 기술이었다. 에디슨은 그렇게 축음기의 발명자로 남을 수 있었다.

하지만 방금 언급했듯, 그는 처음부터 자기 발명품이 음악을 들려주는 수단이 될 것이라고 생각하지는 않았다. 사업가들이 좋은 아이디어가 떠올랐을 때 말로 기록해두거나, 기념할 만한 연설이나 유언, 먼 곳에 있는 부모나 연인의 말을 기록해 다시 듣는 수단으로 유용하리라 생각했다. 궁극적으로는 사람들이 음성으로 소식을 주고받게 되기를 꿈꿨다. 개개인이 목소리를 담은 원통을 우편으로 발송하고 며칠 뒤 그것을 받은 사람이 축음기에 걸어 재생해서 들으면 편리하리라고 생각한 것이다. 그런데 결과는 정반대였다. 사람들은 축음기를 음악을 듣는 데 사용했고, 전화는 친구와 연락을 주고받는 데 사용했으니 말이다.

공교롭게도, 에디슨의 축음기 기술을 개량 발전시킨 것은 알렉산더 그레이엄 벨이었다. 소리 자체에 관심이 많았던 벨은 에디슨에

맨 처음 에디슨이 만든 축음기는 밀랍으로 된 원통형 두루마리에 음성을 기록하는 방식이었다. 그는 처음부터 자기 발명품이 음악을 들려주는 수단이 될 것이라고 생각하지는 않았다. 사업가들이 아이디어가 떠올랐을 때 말로 기록해두거나, 기념할 만한 연설이나 유언, 먼 곳에 있는 부모나 연인의 말을 기록해 다시 듣는 수단으로 유용하리라 생각했다. 궁극적으로는 사람들이 음성으로 소식을 주고받게 되기를 꿈꿨다.

게 축음기로 함께 사업을 하자고 제안하기도 했다. 하지만 에디슨은 합류를 거부하고 독자적으로 축음기를 개발한다. 그러다가 어느 순간 축음기에도 흥미를 잃고 전구 개발에 매진한다. 물론 그 덕분에 정보 기술 업계는 또 다른 큰 발전을 이루게 된다. 에디슨이 전구를 개발하는 과정에서 진공관이 만들어졌고, 그 덕분에 전화기와 축음기가 비약적 발전을 이룬다.

이 무렵까지도 대부분의 축음기는 에디슨이 처음에 개발했던 원통식을 따르고 있었다. 하지만 에밀 베를리너Emile Berliner라는 독일계 이민자가 나타나 레코드를 긴 원통형이 아닌 납작한 원반형으로 제작하기 시작하면서 모양이 바뀐다. 이 원반형 레코드가 바로 CD가 등장하기 전까지 우리가 들었던 검은색 LP(Long Play)판의 원조에 해당한다. 우리가 아는 LP판은 1948년 컬럼비아레코드가 처음 선보인 것이고, 그 전까지는 'SP(Standard Play)'라고 불리는 음반을 썼다. 이 음반은 녹음 분량이 한 면에 3분 남짓, 길어도 4분 30초를 넘기기 힘들었다. 오늘날 우리가 듣는 팝송 한 곡의 길이는 결국 이 SP판 용량에 맞춘 것이다. 미디어의 형식이 내용을 규정한 대표적 사례다.

AT&T와 웨스턴유니언의 엇갈린 운명

벨은 자칫했으면 전화 산업의 역사에서 발명자로서만 이름을 남길 뻔했다. 지금도 미국에서 건재한 통신기업 'AT&T(American Telephone & Telegraph)'의 전신(前身)은 알렉산더 그레이엄 벨이 설립한 '벨 텔레폰 컴퍼니(Bell Telephone Company)'다. 벨이 세운 회사는 초창기 전화 시장에서 수많은 경쟁사들을 물리치고 미국 통신 사업의 최강자가 되어 지금에 이르렀다. 단순히 전화의 발명자로서 특허가 있다고 해서 거저 이뤄진 일은 아니었다.

원래 벨은 돈이 없었다. 그래서 처음에는 당시 최대 통신회사인 '웨스턴유니언'에 전화기의 특허를 팔려고 했다. 하지만 여기서 역사의 아이러니가 시작된다. 웨스턴유니언이 벨의 제안을 거절한 것이다. 1장에서 언급했듯이 이 회사는 미국의 모든 철로를 따라 전신선을 가설하며 떼돈을 번 회사다. 미국 최초의 독점 통신기업이라고 할 수 있는 웨스턴유니언의 창업자는 미국 코넬 대학 설립자인 에즈라 코넬Ezra Cornell이다. 이 회사는 어째서 벨의 제안을 일언지하에 거절했을까.

당시 벨이 웨스턴유니언에 특허 사용의 대가로 제안한 금액은 10만 달러였다. 요즘 화폐가치로 따지면 약 25억 원 정도다. 당시 웨스턴유니언의 사장 윌리엄 오턴은 "벨의 전기 장난감이 대체 무슨 쓸모가 있겠냐"면서 이를 받아들이지 않았다. 그 결과 오턴이라는 이름은 미국 산업 역사상 가장 큰 의사 결정 실수의 모델로 지금까지도 경영학 교과서에 남아 있다. 그리고 이 잘못된 의사 결정 한 번으로 30년 뒤 웨스턴유니언은 AT&T에 흡수된다.

벨은 웨스턴유니언에 특허를 매각하는 일에 실패하자 그린 허바드와 조지 샌더스라는 투자자에게 거금을 받아 직접 회사를 차린다. 당시 이 회사는 자금이 충분하지 않았기 때문에 자신들이 개발한 전화기를 직접 판매하지 않고, 전화를 임대하거나 기술 라이센스를 이전해주는 방법으로 수익을 올렸다.

반면, 당시 전신 산업의 호황으로 막대한 부를 누렸던 웨스턴유니언은 뒤늦게 벨이 발명한 물건의 진가를 알아본다. 웨스턴유니언은 토머스 에디슨을 비롯한 다른 발명가들이 개량한 전화 기술을 사들이고 독자적인 사업을 시작한다. 이들은 이미 미국 내에 40만 킬로미터에 달하는 전신망을 구축해놓았기 때문에 전신 산업에서 훨씬 유리한 위치에 있었다. 벨이 특허를 갖긴 했지만, 웨스턴유니언은 전신망을 기반으로 전화 사업을 독점할 수 있으리라고 봤다. 실제로 웨스턴유니언의 독점적인 시장 점유율과 수많은 경쟁사들 때문에 벨이 세운 회사는 설립 초기부터 사업에 큰 위협을 받았다.

벨이 끊임없이 특허 소송에 매달렸던 것은 이 때문이다. 1879년 벨의 회사는 미국 대법원으로부터 웨스턴유니언에 대한 특허권 침해 소송에서 승소 판결을 받아낸다. 이 판결로 웨스턴유니언은 전화 특허 기술을 잃는 반면, 벨 텔레폰 컴퍼니는 미국 최대의 전화 사업체로 부상하는 발판을 마련한다. 벨은 1880년에 회사 이름을 '아메리칸 벨 텔레폰 컴퍼니(American Bell Telephone Company)'로 바꾸고 미국 각 지역의 시내전화, 장거리전화 서비스 업체, 전화 기술 개발 업체를 흡수하면서 전국적인 전화 서비스를 제공하기 시작한다.

　　이후 벨이 전국 전화 서비스를 시작하기 위해 1885년에 설립한 장거리 시외전화 업체가 바로 지금의 AT&T인 '아메리칸 텔레폰 앤 텔레그래프(American Telephone & Telegraph)'이다. AT&T는 전화선 네트워크에 수많은 시내전화 서비스 업체들을 연결해 아메리칸 벨 텔레폰 컴퍼니에 전국 시외전화 서비스를 제공하는 역할을 했다. 1899년, 회사가 점점 커지자 벨은 회사의 모든 자산을 AT&T로 흡수시킨다. 이때부터 AT&T가 전 세계 최대의 통신회사가 됐다. AT&T는 이후 웨스턴유니언의 지분까지 사들이고, 지역의 크고 작은 통신회사들을 차례로 인수하면서 미국 내 전화의 독점 사업자로 부상한다. 미국 정부는 여러 차례 독점에 대해 경고를 했지만, AT&T는 1970년대까지 미국 내 통신 시장 독점 체제를 유지한다. AT&T는 미국 전화 산업의 83퍼센트를 장악했고, 1976년 회사 설립 100주년을 맞이했을 때는 전 세계에서 가장 거대한 기업 중 하나로 성장했다. 물론 AT&T가 독점을 유지하는 대가는 컸다. 미국 정부가 AT&T의 독점을 인정해주는 대가로 이들이 개발하는 통신 관련 특허 기술을 민간에 공개하도록 강제한 것이었다. AT&T의 벨 연구소는 컴퓨터와 반도체 등 다양한 첨단 기술을 개발한 곳이다. 미국은 AT&T를 밑거름으로 IT 강국으로 성장할 수 있게 되었다.

사람들은 처음부터 통화보다 메시지를 선호했다

웨스턴유니언은 세계 역사를 뒤바꾼 전화 특허권을 사달라는 벨의 요구를 왜 거절했을까. 사실 웨스턴유니언 입장에서 생각해보면 딱히 이상한 결정도 아니었다. 당시 사람들에게는 부정확한 목소리를 들려주는 전화보다 전신이 더 유력한 차세대 통신수단으로 받아들여지고 있었다. 사람들은 전신을 이용해 편지는 물론, 매일매일 신문까지 받아보는 등 필요한 소식은 다 주고받을 수 있었다. 미국 전역에 8000개 이상의 전신국이 있었고, 뉴욕에는 요즘의 증시 현황판 같은 서비스도 운영되고 있었다. 해저케이블을 통해 유럽과 그 너머 아시아까지 연결되었다. 전신 장치도 눈부시게 발전했다. '뚜뚜뚜' 하는 모스부호 소리만 송수신하는 방식에서 벗어나 전기로 전달된 부호를 알파벳으로 자동 변환해주는 시스템도 개발됐다. 이를 이용해 집이나 사무실에서 팩스처럼 뉴스를 받아보는 전신기의 출시도 목전에 있었다. 이처럼 당시 사람들은 전신과 함께 보급된 일종의 '데이터 통신' 서비스에 이미 익숙해져 있었다. 이런 상황에서 웨스턴유니언이 자신들의 핵심 사업을 접고 전화에 투자한다는 것은 상상하기 힘든 일이었을 것이다.

당시에 전화는 정보의 정확성 면에서 아직 신뢰하기 힘든 매체였다. 초창기 벨의 전화는 음질이 불량하고 잡음이 많은 데다 부피도 매우 커서 통신 장비로 부적합하다는 평가를 받았다. 결국 이 기술을 계속 발전시켜 소형 전화기로 만드는 것은 벨 자신의 몫이었다.

팩스가 전화보다 33년이나 먼저 발명됐다는 사실도 재미있다. 팩스는 1843년 영국의 시계 제조업자인 알렉산더 베인Alexander Bain이라는 사람이 처음으로 발명했다. 베인은 전신선의 양 끝에 흔들리는 추를 단 형태의 팩시밀리를 고안했다. 송신부에 있는 철침이 달린 추가 금속으로 된 문자 위를 움직여 문자를 전기신호로 바꾸고, 수신부에서는 화학 처리된 종이 위를 추가 왕복하며 글을 그대로 재현하도록 만들어졌다. 하지만 이용하기가 불편하고 그다지 실용적이지 않아 상품화되지 못했다. 팩스는 전화 기술과 무관했다. 하지만 전화에 앞서 이런 기술이 먼저 개발된 것을 보면 당시 사람들은 목소리를 전기신호로 바꿔 보내는 것보다 글 자체를 전송하는 것을 더 편하게 생각했음을 알 수 있다.

현대에 이르러 이동통신이 전 세계에 퍼진 이후, 역사상 그 어느 때보다 많은 통화가 이뤄지고 있다. 하지만 스마트폰 보급 이후 음성 통화보다 카카오톡 같은 모바일 메신저 서비스가 더 많이 이용되는 현상을 보고 있자니, 어쩌면 사람들이 전화보다 문자를 주고받는 것을 더 편리하다고 여기는 건 아닐까 하는 생각이 든다. 모스부호도 짤막하게 축약된 메시지를 전달하기 위해 개발된 기술이었다. 이렇듯 통신 산업은 초기 단계에서부터 음성 통신과 데이터 통신의 시대가 함께 열리고 있었다.

"당신의 목소리가 당신입니다"

알렉산더 그레이엄 벨이 전화에 대해 특허권을 따내고 약 30년의 시간이 흐른 뒤, 미국에서는 약 200만 명의 가입자가 AT&T의 전화와 서비스를 이용하고 있었다. 그리고 1914년 무렵 전화 가입자는 이미 1000만 명에 이른다.

전화는 매우 빠른 속도로 미국 사회에 퍼졌다. 벨의 전화회사에서 전화기 한 쌍을 당시로선 거금인 월 20달러에 대여하는 사업을 시작한 지 약 3년이 지난 1880년 무렵, 미국에는 약 6만 대의 전화기가 보급되었다. 그리고 10년 후인 1890년에 가입자 수는 50만 명으로 증가한다. 이후 순식간에 200만 명을 돌파하고, 1910년대로 들어와서 전화 가입자 1000만 시대가 시작된다. 1927년 무렵엔 2680만 가구 가운데 1750만 가구가 전화기를 소유하고 있었다.[6]

가입자가 늘어났다고 해서 벨 회사의 미래가 밝기만 한 것은 아니었다. 회사는 만성 적자 상태를 벗어나지 못하고 있었다. 특히 벨의 특허는 이미 1894년에 만료되어 전화 기술 자체로는 더 이상 독점적인 사업을 벌일 수 없었다. 이미 수많은 독립 전화회사들이 생겨났다. 이들은 AT&T와 비슷한 수준의 가입자들을 확보해나가고 있었다. 당시 AT&T는 모든 전화회사들엔 '공공의 적'이었다. AT&T가 경쟁사들의 시외 장거리전화 연결을 허용하지 않았기 때문이다. 마치 우리나라에서 케이블TV의 각 지역별 주요 사업자가 다르듯이,

당시 미국은 지역마다 전화 사업을 담당하는 업체가 달랐다. 이 때문에 전화 가입자들은 다른 서비스 공급자를 이용하는 가정이나 사무실과 연락하고자 전화를 중복으로 가입해야 했다. 가입자가 가장 많고 전국 규모 사업자인 AT&T가 다른 사업자들에게 길을 열어주지 않으며 몽니를 부리고 있었던 것이다.

AT&T의 서비스 품질이 더 좋은 것도 아니었다. 툭하면 전화가 끊겼고 음질이 나빴으며 연결이 불안정했고 혼선도 잦았다. 특히 시골에 사는 사람들은 '공동 전화선'을 사용해야 했다. 공동 전화선이란 수십 가구의 전화선을 하나로 하여 그 지역의 교환원과 연결하는 선으로, 한 번에 한 회선만 통화할 수 있었다. 다른 사람이 전화를 쓰고 있으면 나머지 가구는 전화를 쓸 수 없었다. 게다가 누군가 통화하고 있을 때 이웃이 그 통화를 엿듣기도 쉬웠다. 이후 AT&T는 독립 전화회사를 하나씩 하나씩 인수하고 지방의 소형 회사와 회선을 공동으로 이용하는 등 전략을 수정하면서 서서히 독점적 전화회사로서의 모습을 굳혀간다. 이 과정에서 미국의 통신 산업은 정부의 규제를 강하게 받는 분야로 남게 된다. 우리나라도 유료 방송이나 통신 사업의 경우 특정 회사가 독점적 지위를 갖지 못하도록 33퍼센트나 50퍼센트 등으로 점유율을 규제하고 있는데, 그 논리적 기반이 이 시절에 마련된 셈이다.

초기의 전화는 비싼 비용과 낮은 통화 품질 때문에 전신보다 부정확한 통신수단으로 인식되었다. 하지만 얼마 지나지 않아 사람들은 뉴스를 전송하고, 식료품을 주문하고, 긴급 메시지를 보내는 데 전화가 유용하다는 것을 깨달았다. 통화 시간은 점점 길어졌다. 회선이 부족했던 시기에는 소중한 전화 회선을 가십과 잡담을 주고받는 데 사용하는 게 이만저만한 낭비와 불편이 아니었다. 이런 일들로 사람들이 중요한 전화를 놓치게 되면 회사로 고객들의 항의가 빗발쳤다. 전화회사들은 불필요하게 회선을 잡아먹는 이용자들에게 전화를 업무에만 쓰라고 계도할 정도였다. 요즘은 거의 들을 수도 없는 구호인 '용건만 간단히'는 아주 오랫동안 전화 사용 예절로 통용되었다. 우리나라도 1980년대까지만 해도 사무실이나 대중 이용 시설, 공중전화 주변에 '용건만 간단히'라는 문구가 붙어 있었다.

전화는 인간의 체험 공간을 확대했고, 이전과는 전혀 다른 세계의 상을 사람들 머릿속에 만들어가고 있었다. 물리적인 거리는 사실상 소멸된 것이나 마찬가지였다. 1910년대 사회비평가들 사이에서는 이미 "전화는 뇌의 구조를 변화시킨다. 인간은 이제 더 멀리에서 벌어지는 일까지 경험하고 더 넓은 규모로 생각하면서, 더 고상하고 더 폭넓은 동기에 의해 살아갈 충분한 자격을 갖게 되었다"라는 말이 나왔다.

1920년대에 이르면서 사람들은 완전히 '연결된' 상태로 지내는 것이 무엇인지를 알게 됐다. 이 무렵 벨의 전화회사는 장거리전화 고객들에게 "당신의 목소리는 당신입니다!(Your voice is you!)"라고 광고하기 시작했다. 그리고 1930년대에는 "전화는 흩어진 가족을 모아서 친목을 유지해줍니다"라고 말하는 광고까지 등장했다. 요즘 휴대전화 광고 문구로 쓰여도 손색이 없을 정도다. 인류가 비로소 전화와 '연결'의 가치를 인식하기 시작한 것이다. 또한 전화와 전신, 철도 등으로 인해 20세기 초 인류는 현대를 규정짓는 '속도의 시대'로 진입하고 있었다. 그 속도의 시대는 지금까지 이어진다.

'헬로'는 에디슨이 만든 말

초기 전화 산업의 역사에서 에디슨의 역할에 대해 좀 더 이야기하고 싶다. 앞에서 보았듯 에디슨은 벨이 발명한 전화기의 잡음을 깔끔하게 개선했다. 이것 말고도 에디슨의 공로가 한 가지 더 있다. 영어권에서 전화를 받을 때 하는 '헬로(Hello)'라는 말도 에디슨이 만든 것이다.

1876년 벨이 만든 전화기가 세상에 처음 등장했을 때 사람들은 전화를 걸어 온 상대방에게 뭐라고 대답해야 할지 몰랐다. 얼굴을 마주 볼 때 하는 인사말은 많았지만, 전화 송화기를 들었을 때 누군지도 모르는 통신선 건너편 상대방에게 건네기 적당한 인사말이 없었다. 태어나 생전 처음 전화기를 손에 든 두세 살짜리 아기들이 전화기 너머 소리를 듣고 아무 말 못 하는 것처럼, 당시 벨이 울려서 송화기를 들고도 뭐라고 말해야 할지 몰라 고민하는 사람이 많았던 것이다. 그래서 벨은 고객들에게 '아호이!(Ahoy!) 아호이!'라는 말을 제안했다고 한다. 하지만 이 말은 별로 인기가 없어서 널리 퍼지지 못했다. 이는 우리식으로 말하면 '어이!' 하고 부르는 말로, 듣는 이에게 다소 무례하게 느껴질 수 있었다.

이번에도 문제를 해결한 사람은 에디슨이었다. 그는 '아호이'보다 더 잘 들리면서 예의 바른 말을 찾아냈다. 1877년, 에디슨이 펜실베이니아 피츠버그에서 전화 사업을 시작하려는 한 친구에게 보낸 편지가 있다. 이 편지에 보면 "헬로는 10~20피트 떨어져서도 잘 들린다"며 '헬로'란 말을 제안한 대목이 나온다. 당시 전화기의 보급에 앞장섰던 회사가 벨이 아닌 에디슨식 전화기를 채택한 웨스턴유니언이었음을 감안하면 이는 사실이라고 보기에 충분한 시나리오다. 앞서도 잠깐 언급했듯이 웨스턴유니언은 남북전쟁 시기 철도를 따라 대규모 전신선을 깔아 어마어마한 통신 인프라를 갖추고 있던 전신 분야의 독점기업이었다.

영미권에서는 오래전부터 '헬로'라는 말을 에디슨이 만들었다는 이야기가 구전되어오긴 했지만, 이렇다 할 증거가 없었다. 그런데 1990년대 초 뉴욕 맨해튼 남부에 있는 전화회사 AT&T의 자료 보관실에서 에디슨이 친구에게 보낸 이 편지가 발견되었다. 「뉴욕타임스」는 이를 비중 있게 보도했다. 당시 편지를 보면, 에디슨은 아주 실질적인 이유에서 고민을 시작했음을 알 수 있다. 그는 편지에서 "우리가 어떻게 상대방이 통화하고 싶다는 것을 알 수 있을까?"라고 먼저 묻고 있다. 초창기 전화 사업자들이 만든 제품 설명을 보면, 전화를 받을 때 '무얼 원하세요?(What is wanted?)' 같은 말을 쓰도록 권장한 곳도 있다. 하지만 이미 1880년 무렵에 간결하면서도 무례하지 않은 말 '헬로'의 완승으로 이 문제는 결판이 났다고 한다.[7]

물론 '헬로'라는 이 말도 순수하게 에디슨 머릿속에서 창작된 것은 아니다. 헬로는 『허클베리 핀의 모험』으로 유명한 미국 작가 마크 트웨인의 1872년 글에 처음 등장한다. 하지만 에디슨이 전화를 팔면서 활용하기 전에는 일상생활에서 거의 쓰이지 않았다고 한다. 옛날에 사냥꾼들이 사냥개를 부를 때나 나룻배 사공에게 와달라고 외칠 때 '할루(Halloo)'라는 말을 썼다고 한다. 그래서 이 말을 헬로의 어원으로 보는 견해가 많다. 이 밖에 '힐라' '힐로' '힐루' 등 다양한 변형도 존재한다. 영국에서는 19세기 중반부터 '홀로'라는 말이 놀라움을 표시하는 말로 쓰이고 있었다.

에디슨은 실험할 때 '할루'라는 말을 많이 쓰다가 어느 시점에서부터 이를 변형해 '헬로'라고 쓴 것으로 보인다. 실제로 1877년에 축음기의 원리를 실험할 때도 마이크에 대고 "할루! 할루!"라고 소리치며 이를 녹음했다는 기록이 있다. '할루'라는 말은 어떤 발견의 기쁨이 느껴지는 반면, '헬로'는 할루보다 조용하고 세련된 느낌을 준다. 그 덕분에 자연스럽게 전화를 받을 때 쓰는 말로 자리 잡지 않았을까. 에디슨의 조수였던 프랜시스 예일의 회고록에도, 1878년 어느 날 먼로 파크에서 에디슨이 혼자 외치는 "헬로 헬로 헬로" 소리를 들었다는 말이 나온다.

헬로가 대중에게 빨리 받아들여진 것은 간결함 때문이었다. 전화 요금이 매우 비싸서 간단한 인사말이 필요한 터였다. 비싼 전화 요금을 내면서 전화를 받는데 긴 인사를 하느라 시간을 낭비하는 게 소비자들에겐 손해였을 것이다. 헬로는 1883년 『옥스포드 영어사전』에 등재될 정도로 널리 쓰이는 말이 된다. 이후 일상 인사말로까지 발전해 "세이 헬로(Say hello)"라는 새로운 구문이 등장했다. 벨이 전화를 만들었다면, 에디슨은 전화 에티켓을 만든 셈이다.

우리나라에서 전화를 받을 때 쓰는 '여보세요'라는 말은 언제부터 쓰였을까. 이 말은 '여기'에 '보오'가 붙어 만들어진 것으로 알려져 있다. 언제부터 사용됐는지는 정확하지 않지만, 1902년 3월 한성전화소가 가입자 5명을 대상으로 첫 전화 업무를 시작했을 즈음부터 쓰였을 것으로 짐작된다.

chapter 3

무선의 시대로

끝나가는 미지의 세계

미국과 유럽 대륙 사이에 있는 대서양은 옛 사람들에게 거대한 심연처럼 느껴지지 않았을까. 최단 코스로 건넌다 해도 족히 한 달은 걸리는 뱃길은 아무리 크고 안전한 배를 탄다고 해도 사실상 목숨을 담보로 내놓아야 도전할 수 있는 여정이었다. 미국인의 선조들이 메이플라워호를 타고 첫발을 디딘 이래, 이 죽음의 바다를 건너 새로운 삶을 찾는 행렬이 계속 이어졌다. 바다 건너 새 삶을 찾아 넘어왔음에도, 사람들은 끊임없이 자신들이 두고 온 땅의 소식에 목말라했다. 유럽에서 일어나는 크고 작은 정쟁과 변고, 기이한 이야기들은 지금까지도 미국 신문과 방송의 단골 기삿거리다.

깊이를 알 수 없는 거대한 바다는 모험의 공간이기도 했다. 해적과 괴물, 수병들이 종횡무진 바다를 누볐고, 간혹 불가사의한 존재들이 숨 쉬는 무서운 공간이었다. 조니 뎁 주연의 영화 〈캐리비안의 해적〉 시리즈는 미국과 유럽인의 무의식에 아로새겨진 두 대륙 사이 바다에 대한 공포심의 일단을 보여준다. 뭍에서는 전기의 성질을 이용한 새로운 통신 기술을 이용하고 있었지만 바다 위는 여전히 어떠한 연락도 닿을 수 없는 미지의 세계였다. 니체가 말했던, '앞으로 나가기도 힘들고, 돌아갈 수도 없고, 가만히 멈춰 있을 수도 없는' 심연이었다. 그 위에서 벌어진 많은 일들은 대부분 미스터리로 남을 수밖에 없었다. 그러나 이 미지의 세계도 서서히 사라져가고 있었다. 지구를 떠도는 전파를 가로채 신호를 실어 나르는 무선전신 기술이 태동하기 시작한 것이다.

대서양에서 벌어진 추격전

1910년 7월 영국 런던에서 미국 출신 내과 의사 홀리 하비 크리픈이 종적을 감췄다. 여배우로 당대 런던 사교계에서 명성이 자자했던 아름다운 아내 벨르 엘모어도 함께 사라졌다. 게다가 그와 내연 관계에 있던 비서의 모습도 보이지 않았다. 이들 세 사람을 찾아 경찰이 수색을 한 끝에 그들이 살았던 집 지하실에서 실종된 아내의 시신을 발견했다. 하지만 크리픈과 비서는 행적이 묘연했.

크리픈은 비서와 함께 대서양을 건너는 여객선 몬트로즈호에 숨어 캐나다 퀘벡으로 밀항을 시도하고 있었다. 그는 여권을 위조해 이름을 로빈슨으로 바꿨고, 비서는 남장을 해서 크리픈의 아들 행세를 했다. 한 달간의 긴 항해를 떠나는 몬트로즈호에는 영국에서 발행된 신문들이 잔뜩 실려 있었다. 선장인 조지 켄들은 당시 신문 보도를 통해 이 희대의 치정 사건을 잘 알고 있었다. 그는 자신의 여객선에 오른 많은 손님들 중 연인처럼 딱 붙어 있는 두 사람을 눈여겨보았다. 부자지간으로 꾸몄지만, 아무리 보아도 한쪽은 여자였다. 그는 점점 이 한 쌍이 크리픈과 그의 연인이라는 확신을 갖게 된다. 그러나 이미 배는 영국을 떠났다. 캐나다에 도착한 뒤 이 남녀가 배에서 내려 종적을 감춘다면 이들을 잡을 기회는 영원히 사라질 판이었다. 선장은 자신의 배가 이들의 '완전범죄'를 실현해주는 도구가 되는 것은 상상도 할 수 없었다. 한데, 이들의 완전범죄를 막을 방법이 하나 있었다. 몬트로즈호에는 마침 영국 마르코니사가 개발한 무선전신기가 설치되어 있었다. 아직 전면적으로 무선 장치가 보급되지는 않았지만 비상사태 시 승객들의 안전을 위해 갖춰놓았던 것이다. 켄들 선장은 무선기사를 시켜 비밀리에 런던 경찰국에 전신을 보냈다. "우리 배에 크리픈이 타고 있는 것 같습니다."

사라진 의사의 행방을 찾지 못해 난감해하던 경찰은 재빠르게 움직였다. 이때부터 대서양을 가로지르는 맹추격전이 벌어진다. 영국 경찰 당국은 당시 최대 선사(船社) 화이트스타라이너의 가장 빠른 여객선에 듀스 경위를 태워 대서양을 건너게 했다. 크리픈이 탄 배가 목적지인 퀘벡에 도착할 무렵, 듀스 경위가 한발 먼저 퀘벡에 도착해 도선사로 위장했다. 도선사는 큰 여객선이 항구에 들어올 때 항구 인근의 암초에 부딪히지 않도록 길을 알려주는 일을 한다. 이들은 미리 작은 배를 타고 바다에 나가 여객선에 올라탄 뒤 뱃길을 안내해준다. 그렇게 듀스 경위는 몬트로즈호가 항구에 도착하기 전 배에 올라탈 수 있었다. 그리고 아내를 살해한 뒤 정부와 사랑의 도피 행각을 벌이려던 파렴치한 미국인 내과 의사를 단박에 체포한다.

대서양을 가로지르는 배 위에서 연락을 취해 범인을 잡았다는 이 치정 살인 이야기에 사람들은 열광했다. 사건이 워낙 유명해 노래까지 만들어졌다. 가사는 '의사 크리픈은 아내 벨르 엘모어를 살해했네, 비서와 함께 도망갔네, 푸른 대양을 가로질렀네, 듀스 형사가 뒤를 쫓았네'라는 내용이었다. 바다에서 육지로 연락을 보내 형사가 더 빠른 배를 타고 범인들을 뒤쫓은 이야기를 당시 사람들이 얼마나 흥미진진하게 받아들였는지 보여주는 대목이다.

하지만 크리픈 사건은 단순히 흥밋거리로 회자되고 끝나지 않았다. 이 일을 계기로 수사 당국은 무선전신의 효용성에 새롭게 눈떴다. 정보의 이동이 빠르게 이뤄졌을 때 어떤 일이 벌어질 수 있는지를 깨닫게 된 것이다. 실제로 크리픈이 붙잡히고 18개월 후 영국 의회는 여객선의 무선전신 시설 설치를 의무화하는 법률을 제정했다. 그리고 이는 무선전신의 역사에서 빼놓을 수 없는 비극적 사건 중 하나인 타이태닉호 침몰 사건에서 큰 위력을 발휘하게 된다.[1]

타이태닉호의 전설

1912년 4월 14일 밤 11시 40분에 빙산과 충돌하면서 북대서양에서 침몰해 1513명이 사망한 타이태닉호 사건. 세계적으로 관심을 모은 해양 조난 사고다. 당시 이 배에 설치되어 있던 무선 송신기를 통해 조난 신호가 전파됐고, 가장 가까운 항구인 캐나다 노바스코샤 주 핼리팩스[2]에 정박해 있던 군함과 10여 척의 여객선이 사고 해상으로 나가 조난당한 승객들을 구출했다. 2000명이 넘게 탄 대형 여객선이 망망대해에서 침몰한 사고에서 그나마 700명 남짓의 인원을 구출할 수 있었던 것은 무선전신의 힘 덕분이었다. 당시 배에서 보낸 구조 신호를 다른 배들이 일찍 듣지 못해 초기 구조가 조금 늦기는 했지만, 근처의 배들이 이 구조 신호를 듣고 사고 소식을 릴레이 방식으로 전달하여 인근 핼리팩스에 정박해 있던 캐나다 해군 선박들이 사고 현장으로 달려갈 수 있었다.

타이태닉호 사고 소식이 알려지자 대서양 해안가 일대의 무선사들이 너도나도 소식을 타전하면서 한때 무선통신 전파가 혼선을 빚기도 했다. 하지만 다음 날 아침, 이 소식은 이미 세계 각지로 퍼져 있었다. 영화까지 만들어진 매우 비극적인 사건이었지만, '현대성'을 보여주는 매우 상징적인 사건으로 여겨지기도 한다. 이 거대한 여객선이 침몰하면서 대서양에서 세계 전역으로 SOS 메시지를 발신한 것은 세계의 동시성을 극적으로 상징하는 장면으로 지금까지 회자된다. 통신 기술이 사실상 시간과 공간상의 거리를 소멸시켰음을 전 세계인들에게 보여준 것이었다.

대서양 연안의 여객선들에게 무선전보 서비스를 제공하는 아메리칸 마르코니 무선전신회사에 근무하던 러시아 출신 전신 기술자 데이비드 사노프David Sarnoff는 타이태닉호 사건으로 일약 유명인이 된다. 타이태닉호의 침몰 당시 무선전신을 수신하고 있던 그는 긴박한 사태가 발생한 것을 깨닫고 오랜 시간 동안 쉬지 않고 한밤중 바다 위의 구조 상황을 전달했다. 그가 바다에서 들려오는 신호를 수신해 다시 타전한 내용을 미국의 신문사들이 받고, 이는 다시 유럽과 전 세계의 신문사들로 전해졌다. 사노프는 자신도 모르는 새 최초의 '실시간 뉴스'를 만들어낸 것이다. 비록 모스부호를 이용했지만, 요즘으로 치면 단독으로 구조 현장을 생중계한 셈이다. 이후 마르코니는 그가 무선전신 사업 홍보에 끼친 공로를 인정해 마르코니사의 임원으로 채용한다. 사노프는 자신이 젊은 시절 매우 유능한 무선통신사로서 타이태닉호 침몰 당시 회사가 있던 워너메이커 백화점의 한 사무실에서 그 소식을 알리는 데 참여한 최초의 사람이라는 말을 평생 입에 달고 살았다고 한다.

타이태닉호 사건 당시에 들끓었던 세계의 상황을 보면, 당시의 변화상이 현대 사회에 인터넷이 불러온 변화 못지않게 어마어마한 일로 받아들여졌음을 알 수 있다. 어떤 일이 발생했을 때 전 세계가 실시간으로 소식을 접하고 경험을 공유한다는 것은 이전 인류는 경

타이태닉호 사건 당시에 들끓었던 세계의 상황을 보면, 당시의 변화상이 현대 사회에 인터넷이 불러온 변화 못지않게 어마어마한 일로 받아들여졌음을 알 수 있다. 어떤 일이 발생했을 때 전 세계가 실시간으로 소식을 접하고 경험을 공유한다는 것은 이전 인류는 경험하지 못한 일이었다. 그전 같았으면 타이태닉호가 침몰하고 승객 전원이 바다 밑으로 가라앉은 지 며칠 후에야 그런 일이 발생했음을 알 수 있었을 것이다. 하지만 무선통신의 등장으로 인해 세계는 이미 상당히 '좁아져' 있었다.

험하지 못한 일이었다. 그전 같았으면 타이태닉호가 침몰하고 승객 전원이 바다 밑으로 가라앉은 지 며칠 후에야 그런 일이 발생했음을 알 수 있었을 것이다. 하지만 무선통신의 등장으로 인해 세계는 이미 상당히 '좁아져' 있었다. 그해 4월 16일 영국의 「타임스」는 무선통신이 확장해놓은 경험 공유의 범위에 관해 언급하고 있다. 타이태닉호의 조난은 "대서양 전역을 통해 무선전신으로 울려 퍼졌으며" 세계인들은 침몰하는 "거대한 선박을 거의 (직접) 목격하다시피" 했다는 것이다.[3]

마셜 매클루언이 『미디어의 이해』에서 전기신호를 이용한 미디어의 특징을 소개하면서 "오늘날 우리가 전체로서의 세계에 반응하지 않을 수 없는 것은 전기 미디어가 상호작용의 장소를 제공하고 있기 때문이다. (중략) 전기 시대에 우리는 동시에 모든 곳에 함께 있을 수 있다"고 갈파한 것 역시 이 타이태닉호 사건을 염두에 둔 것이었다.[4] 매클루언은 '지구촌'이라는 말을 처음 만들어낸 학자이기도 하다. 지구는 현재 말 그대로 '마을'이 되었다. 올림픽은 생중계되며 전 세계인이 동시에 지켜본다. 그뿐인가, 9·11 테러나 이라크 공습 등 세계가 한꺼번에 들썩거리는 사건들을 우리는 일상적으로 겪고 있다. 매클루언은 '지구촌'이라는 말 한 마디에 이 모든 변화가 만들어낸 결과를 압축한 것이다.

눈에 보이지 않는 세계와의 만남

전파는 눈에 보이지 않는다. 소리를 들을 수도 없다. 만질 수도 없다. 하지만 엄연히 존재한다. 우리는 전파로 전달되는 신호를 이용해 통화하고 정보를 검색하며 동영상을 다운로드한다. 사람의 성대에서 나온 음성이 공기를 매개로 상대방의 귀에 전해지듯이, 전파를 매개로 화면과 음성, 데이터가 전 지구를 돌아다닌다. 무선전파(radio wave)는 만들고 포착하기도 쉬운 데다, 정보를 싣고 빛의 속도로 이동할 수 있기 때문에 우리는 언제 어디서나 커뮤니케이션 네트워크에 접속할 수 있는 시대에 살아가고 있다.

전파는 우주가 탄생하던 순간부터 존재했지만 19세기에 들어와서야 패러데이, 맥스웰, 헤르츠 같은 위대한 물리학자들이 그 존재를 증명하면서 활용할 수 있는 길이 열렸다. 특히 무선통신 기술이 처음 개발되던 20세기 초는 인터넷이 본격적으로 보급되던 21세기 초 못지않게 역동적인 시기였다. 인류는 난생처음 시간과 공간의 한계를 뛰어넘어 의사소통할 수 있는 기술에 열광했고, 인류의 미래를 낙관적으로 그려 마지않았다. 대중이 정치적 실체로 등장했고, 그 속에서 파시즘의 맹아가 자라나기도 했다.

무선전신은 1896년 마르코니가 영국에 처음으로 특허를 신청하면서 사업화되었다. 그러나 무선전신은 처음에는 해운회사들만 관심을 가질 뿐이었다. 보이지 않는 전파가 공중에서 신호를 실어 나른다는 사실을 대중이 받아들이기는 쉽지 않았다. 대서양을 무대로 벌어진 내과 의사 크리픈 추격전이나 타이태닉호 침몰 사건이 대대적으로 알려지면서 대중도 서서히 전파의 위력을 깨닫게 된다.

전파의 존재를 최초로 확인한 것은 독일 물리학자 하인리히 헤르츠Heinrich Hertz였다. 헤르츠는 1887년 독일 본의 연구실에서, 두 개의 금속 코일에서 정전기를 방전시켜 전선 없이 공기를 통해 전기신호를 전달하는 실험에 성공한다. 유도코일의 출력 단자 틈새에 불꽃을 일으키면 멀찌감치 떨어진 고리 모양의 다른 도선에 전기가 발생하는 현상을 관찰한 것이다. 전자기파는 헤르츠 실험 이전에는 '가설'로 존재했다. 1865년 스코틀랜드의 물리학자 제임스 클러크 맥스웰James Clerk Maxwell은 눈에 보이지 않지만 기존과 다른 형태의 전자기파가 존재하며, 이것은 적외선, 자외선, 가시광선 등과 유사한 움직임을 보일 것이라고 예상했다. 이보다 앞서 마이클 패러데이Michael Faraday는 전기가 흐르는 전선 주변에 자기장이 만들어지는 것을 보고 전기 작용이 전선 밖으로 어떤 힘을 만들어내고 있다고 생각했다.[5]

헤르츠는 1밀리미터 굵기의 구리선을 구부려 지름 7.5센티미터의 원을 만든 다음 한쪽 끝에는 작은 구리 합금으로 만든 금속 공을 두었다. 다른 쪽 끝에는 바늘을 매달아 금속 공 가까이 놓고 나사를 이용해 바늘을 금속 공 가까이 접근하도록 했다. 그는 송신 장치에서 전기를 흘리면 전자기파가 생겨 파동이 만들어지고, 이것이 수신 장치로 전달될 것으로 보았다. 그리고 실제로 발신 장치에 전압이 가해지자 전선이 없는데도 수신 장치에 미세하게나마 불꽃 방전이 일어났다. 맥스웰이 주장했던 '공중을 가로지르는 파동'의 존재가 확인된 순간이었다. 헤르츠는 이 파동을 '헤르츠파'라 이름 붙였는데, 이것이 바로 전자기파, 즉 전파이다.

최초의 발견 이후 헤르츠는 전파가 빛과 같이 빠른 속도로 움직일 뿐만 아니라 굴절과 반사가 가능하며, 일정하게 진동하는 '파동'의 형태로 존재한다는 것을 발견했다. 전파는 태초부터 존재했으며 태양 빛처럼 언제 어디서나 물결치듯 움직인다. 전하가 물체를 따라 흐르면서 전기장과 자기장이 만들어지고, 서로 교차하고 유도하며 물결치듯 앞으로 나아간다. 이 전파를 이용해 우리는 통화하고 동영상도 보낸다. 빛 역시 전자기파의 일종이다.

1930년에 열린 국제전자기술위원회(IEC)에서는 헤르츠가 전자기파를 발견한 것을 기념하기 위해 전파의 1초당 진동수, 즉 주파수의 단위로 '헤르츠(Hz)'를 쓰기로 결정했다. 예를 들어 1초에 진동수가 1000번인 전파의 주파수는 1킬로헤르츠(KHz), 100만 번이면 1메가헤르츠(MHz)이다. 우리나라 FM 라디오에서 주로 쓰는 주파수 대역인 90~100메가헤르츠는 전파가 1초에 9000만~1억 번 진동한다고 생각하면 된다.[6]

마르코니가 꽃피운 전신 기술

헤르츠가 전파를 발견한 후 많은 과학자들이 전자기파를 이용하여 무선통신을 할 수 있는 방법을 연구하기 시작했다. 이 연구에서 가장 성공을 거둔 사람은 굴리엘모 마르코니Guglielmo Marconi였다.

1874년 이탈리아에서 태어난 마르코니는 무선전신을 발명한 공로로 1909년에 노벨상을 받았다. 어려서부터 과학과 전기에 관심이 많았던 데다 부유한 집안 출신인 마르코니는 10대 시절부터 자기 집 다락방에 장치를 마련하고 실험을 했다. 그의 목표는 전파를 이용하여 원거리에서 모스부호를 주고받아 무선통신을 가능하게 하는 것이었다.

최초의 실험 도구는 헤르츠가 발명한 불꽃 파동을 생성하는 발진기(發振器)와 수신 장치였다. 전신기의 자판을 누르면 길고 짧은 신호가 발생하도록 했고, 수신 장치에서는 수신한 신호의 길이를 이용하여 종이 위에 점과 선을 그려 넣도록 했다. 마르코니는 혼자 실험을 거듭해 800미터 거리까지 신호를 보내는 데 성공했다. 이어 마르코니는 수신 거리를 1.5킬로미터까지 늘렸다. 실험에 성공한 마르코니는 전자기파가 상업적으로나 군사적으로 중요하게 사용될 수 있을 것이라 확신했다.

이탈리아에서는 이제 갓 스무 살을 넘긴 마르코니가 마련한 기술에 아무도 관심을 갖지 않았다. 재정 지원도 받지 못했다. 22세가 되던 1896년 마르코니는 어머니와 함께 런던으로 갔고, 영국 우체국에서 자금을 지원받는 데 성공했다. 영국에는 인맥도 있었다. 그의 성(姓)은 이탈리아식이었으나, 그는 원래 영국에서 아이리시 위스키를 만들다가 이탈리아로 이주한 집안 출신이었다. 그랬기에 영국에서 특허를 받고 회사를 차리는 데 거부감 같은 것은 없었다.

1897년 3월 13일, 마르코니는 최초로 브리스틀해협에서 바다를 건너 6킬로미터 떨어진 두 지점을 잇는 무선통신에 성공했다. 곧 이 거리는 16킬로미터로 늘어났다. 이 실험에 성공하여 마르코니는 큰 명성을 얻는다. 그는 영국뿐만 아니라 이탈리아, 프랑스, 미국 등에서도 초청을 받아 무선통신 실험을 했다. 1899년에는 영국해협 건너로 메시지를 보냈으며, 미국 「뉴욕헤럴드」는 그의 장비를 이용해 아메리카컵 요트 경주를 보도하기도 했다. 무선전신 기술 덕분에 사람들은 바다에서 벌어지는 경기 상황을 실시간으로 전할 수 있었다. 당시 누가 더 빠른 속도로 대서양을 가로지를 수 있는지 겨루는 아메리카컵 요트 경주는 미국과 캐나다에선 최대의 관심사였다. 몇 분 몇 초라도 빨리 그 소식을 신문에 실을 수 있다면 막대한 신문 판매 수익을 올릴 수 있었다.

자신감이 생긴 마르코니는 런던 왕립연구소의 후원으로 대서양 너머로 무선 신호를 보내는 실험에 도전한다. 1901년 12월 12일 그는 약 150미터 상공으로 띄워 올린 연에 안테나를 달아 올리고, 캐나다의 뉴펀들랜드와 영국의 콘월 사이에서 처음으로 대서양을 횡

이탈리아에서는 이제 갓 스무 살을 넘긴 마르코니가 마련한 기술에 아무도 관심을 갖지 않았다. 재정 지원도 받지 못했다. 22세가 되던 1896년 마르코니는 어머니와 함께 런던으로 갔고, 영국 우체국에서 자금을 지원받는 데 성공했다. 1897년 3월 13일, 그는 최초로 브리스틀해협에서 바다를 건너 6킬로미터 떨어진 두 지점을 잇는 무선통신에 성공했다. 곧 이 거리는 16킬로미터로 늘어났다. 이 실험에 성공하여 마르코니는 큰 명성을 얻는다. 그는 영국뿐만 아니라 이탈리아, 프랑스, 미국 등에서도 초청을 받아 무선통신 실험을 했다.

마르코니의 무선 송수신 장치를 점검하는 영국 우체국 기술자들

단하는 무선통신을 성공시킨다. 두 지점 사이 거리는 3500킬로미터였다. 이 실험은 지상에서 쏜 전파가 우주 공간으로 뻗어나가는 것이 아니라, 대기권에서 반사하고 굴절되어 지구 표면을 따라 퍼져나갈 것이라는 가설을 입증한 것이기도 했다. 헤르츠가 실험을 통해 입증했던 전파의 반사와 굴절 속성을 상업적으로 이용할 수 있는 길이 열린 것이다. 물론 어떤 주파수는 우주 공간으로 뻗어나가기도 한다. 반면, 이른바 '지상파'라고 부르는 주파수 대역의 전파는 지표면을 따라 뻗어가는 속성을 지녔다.

마르코니의 실험 이후 그때까지 '헤르츠파'로 불렸던 전파는 이제 다른 이름으로 불리게 된다. 전기장 혹은 자기장의 진동을 통해 생겨난 보이지 않는 파동이 대서양을 건널 정도로 강력한 것임이 밝혀짐에 따라, 강력하게 '외부로 퍼져나가는(radiated)' 파동이라는 의미의 '라디오(radio)'라는 명칭을 점점 더 많이 사용하게 된다.

점점 좁아지는 세계

마르코니의 무선전신 기술이 세상에 알려지자 많은 사람들이 매료되었다. 마르코니가 세운 무선전신회사는 세계 각지에 지사를 설립하며 통신망을 전 세계로 넓혀나간다. 당시 무선통신이 가장 효과적으로 활용되는 분야는 바로 선박통신이었다. 마르코니는 우선 대서양 해상의 선박에서 보내는 무선 신호를 수신할 수 있도록 해안에 무선국을 설치했다. 또 선박에는 무선통신 장치를 임대했다. 영국 해군도 무선전신의 군사적 유용성을 깨닫고 상당수 함정에 마르코니의 통신 장치를 탑재했다.

마르코니사의 해외 진출도 차근차근 이뤄졌다. 벨기에, 캐나다, 미국 등에 지사를 세웠다. 무선국을 설치해나가던 초기에는 적자를 면치 못했지만, 어느 시점을 넘기자 선박들이 내는 무선 장치 임대비가 회사에 큰 이익을 안겨주기 시작했다. 마르코니의 사업은 매우 독점적인 모델을 갖고 있었다. 유럽 각국의 해안에 설치한 마르코니사의 무선국에서는 자사의 무선 장치를 장착한 선박에서 보내는 전파만 수신할 수 있었다. 다른 기업들은 특허 침해의 소지가 있어 쉽게 비슷한 사업을 시작하지 못했다.[7]

특히 전신 기술이 미디어로서 역할을 하게 되면서 인류는 이전에는 경험해보지 못한 '속도'의 세계로 빠져들고 있었다. 1차대전을 촉발시킨 오스트리아-헝가리의 왕위 상속자 프란츠 페르디난트 대공 암살 사건 소식은 과거에는 상상도 못 할 정도의 속도로 유럽을 넘어 전 세계로 퍼졌다. 정치가들은 전신을 통해, 이 끔찍한 소식을 과거에는 상상도 못 할 만큼 빠른 속도로 접했다. 대중들 역시 일간신문을 통해 하루 만에 모든 소식을 접할 수 있었다. 대중들이 보이는 즉각적인 분노 역시 실시간으로 정치가들에게 전해졌다. 각국 정부는 결코 이를 무시할 수 없었다. 그리고 안타깝게도 그 결과는 전쟁이었다. 최후통첩에 걸린 시간은 유례없이 짧았고, 전국에서 청년들을 소집하여 군대를 구성하는 것도 순식간에 이뤄졌다. 이 모든 정치적·군사적 활동에 통신 기술이 결정적 역할을 했음은 물론이다. 이처럼 통신의 효과는 매우 직접적이었고, 인류는 이전에 경험하지 못한 '속도'를 감내하고 있었다. 속도는 현대의 특성으로 굳어져갔다.

무선통신 초창기인 당시에는 마니아들이 컴퓨터를 다루듯이 통신 장치를 대했고, 개인적인 취미 활동으로 인기가 많았다. 이 시기 아마추어 무선(ham operator)은 부유층의 고급 취미로 자리 잡았다. 라디오 용품 전문점과 무선 애호가를 위한 전문지들이 생겨났고, 책이나 잡지에서도 무선에 대한 지식을 제공했다. 무선 애호가들은 서로 교신하면서 네트워크를 만들었고, 무선통신 기술 지식을 공유했다. 이들의 활동 덕분에 긴급한 상황이 빨리 전파되기도 했다. 타이태닉호의 조난 사고가 발생하기 전인 1909년 1월 23일, 북대서양 낸터킷 해상에서 리퍼블릭호와 플로리다호가 짙은 안개로 충돌한 사건이 발생했다. 이때 리퍼블릭호 무선기사가 보낸 구조 신호를 수신하고 전달한 아마추어 무선기사들 덕분에 두 선박에 탑승했던 승객 1200여 명 중 대부분이 구조됐다. 스웨덴 노벨상 위원회는 같은 해 마르코니에게 노벨 물리학상을 수여했다. 이런 극적인 이야기들이 소개되면서 많은 젊은이가 아마추어 무선의 세계로 빠져들었다.

미국 청소년들 사이에서는 무선 송수신기를 갖고 노는 것이 유행했다. 20세기 초 미국에서 무선 사업을 개척한 휴고 건즈백 Hugo

Gernsback이라는 사람은 "무선전신 기술을 갖고 노는 것이 아이들에게 매우 유익하다"고 광고했다. 이는 분명 10대 청소년 시절부터 무선 기술을 개발해 막대한 부를 거머쥐고 노벨상까지 수상한 마르코니를 염두에 둔 마케팅이었다. 건즈백이 만든 회사는 1905년에 무선으로 모스부호를 송수신할 수 있는 장비 일체를 8달러 50센트에 팔았다고 한다. 그는 "전기와 무선은 세상을 바꿀 힘이다. 자녀가 만든 스파크를 꺼뜨리지 말라. 불씨를 유지하는 비용은 얼마 되지 않으며, 언젠가는 여러분과 자녀에게 두둑한 대가를 선사할 것이다"라고 광고했다. 이를 보면 그가 판매한 무선 송수신기는 스파크를 이용한 헤르츠식의 초기 무선 기술에 기반한 제품이었음을 알 수 있다. 불꽃이 튀는 무선통신 장치는 소년들에게 과학적 호기심을 불어넣을 수 있는 제품이었다. 필자 역시 초등학교 저학년이던 1970년대 말, 「소년중앙」이라는 월간지를 사면 경품으로 주던 무전기(워키토키)에 마음을 빼앗긴 적이 있다.

해커의 정신적 조상, 아마추어 무선기사

무선통신은 1909년 플로리다호와 리퍼블릭호 충돌 사건에서 인명 구조에 혁혁한 공을 세웠지만, 3년 뒤 타이태닉호 사건에선 전혀 뜻밖의 영향을 끼치기도 했다. 불과 3년 만에 대서양 연안을 따라 너무 많은 무선국이 들어선 것이 발단이었다. 타이태닉호가 침몰하고 있는데 일부 아마추어 무선기사들이 '타이태닉호 모든 승객은 안전, 항구로 예인 중'과 같은 허위 정보를 전송하는 바람에 구조 작업에 혼선을 빚은 것이다. 캐나다 핼리팩스에서 인명 구조를 위해 사고 현장으로 출항했다가 '전원 구조' 허위 소식을 듣고 다시 항구로 들어온 배들도 많았다고 한다. 요즘 인터넷이나 소셜미디어에 '가짜뉴스'가 판을 치는 현상이 연상된다. 타이태닉호 구조 과정에서 빚어진 혼선을 계기로, 이전까지 미 해군이 줄기차게 강조해오던 아마추어 무선 규제 주장은 힘을 얻게 되었다.[8]

초창기의 무선 장비는 주파수 구분이 없었다. 넓은 주파수 대역에서 동시에 신호를 보냈기 때문에 전파가 미치는 범위 안에 있는 모든 수신기가 신호를 받을 수 있었다. 마르코니를 비롯한 많은 발명가들이 주파수 동조(同調) 기술을 개발하기 위해 노력했지만, 당시는 아직 기술이 완성되지 않은 상황이었다. 주파수 동조는 수신기 회로가 특정한 무선 주파수에만 작동하도록 제한해 다른 전파의 간섭을 받지 않게 하는 기술이다. 덕분에 오늘날 우리는 라디오의 채널을 돌려서 원하는 주파수 대역에서 방송되는 소리를 들을 수 있다. 이 세상에 아무리 전파가 넘쳐나도 라디오나 TV로 주파수 간섭 현상 없이 깨끗한 품질의 소리를 듣고 화면을 볼 수 있는 것은 동조 기술 덕분이다.

미국 해군은 아무런 규제도 받지 않고 우후죽순 생겨나는 무선통신국들과 이로 인해 벌어지는 주파수 교란 문제를 심각하게 받아들이고 있었다. 해군 무선 지휘통제소 근처에 살고 있는 아마추어 무선기사들이 해군의 공식 교신에 끼어들어 마치 자신이 군함에 있는 것처럼 꾸며대는 일까지 벌어졌다. 미국 신문에서도 "무언가 조치를 취하지 않으면 같은 선에 있는 전화 가입자들이 모두 한꺼번에 대화하려 드는 것과 같은 결과가 초래될 것"이라고 경고했다. 아마추어 무선을 규제하자는 목소리는 점점 높아졌다. 당시 아마추어 무선사들은 여기저기 끼어들어 정보를 나르고, 군사작전을 엿듣거나 교란하고, 숨겨진 정보를 폭로하는 행태를 보였다. 이 때문에 초창기 아마추어 무선사들을 인터넷 '해커'의 정신적 조상으로 보기도 한다.

1912년 미국 의회는 '라디오 법(The Radio Act)'을 제정했다. 타이태닉호가 침몰하고 4개월 후의 일이었다. 라디오 법은 라디오의 사용을 원하는 사람은 승인을 받아야 하며, 아마추어 무선 주파수 대를 규제한다는 내용을 담고 있다. 또한 아마추어 무선사들에게 상업적 무선과 해군의 무선을 송수신하지 못하게 했다. 반면 신청 기준에 부합하면 누구든 무선통신업자 허가를 받을 수 있도록 했다.

방송(Broadcasting)이란 단어가 최초로 사용된 것도 1912년으로, 미국 해군이 가장 먼저 썼다. 해군에서 이 말은 '명령을 무선으로 여러 군함에 한꺼번에 보낸다'는 의미로 사용되었다. 그러다가 민간에서 다양한 사람들에게 전파를 보낸다는 의미로 바뀌었다.

민간에서는 무선통신이 메시지 전파에 탁월한 효과가 있다는 것을 진즉에 알고 있었다. 아일랜드의 '부활절 봉기(Easter Rising)'를 일으킨 세력이 그 사례다. 1916년 4월 부활절 주간에 영국에 맞서 무장 항쟁을 일으킨 이들은 자신들이 떨쳐 일어났다는 소식을 유럽 대륙뿐만 아니라 대서양 건너 미국으로까지 전파하고 싶었다. 이들은 무선 송신 장비를 이용해 대서양을 항해하고 있는 선박들을 향해 전파를 보냈다. 자신들의 봉기 소식을 단 한 명이라도 수신해 전해준다면 미국 신문들이 그 소식을 다룰 것이었다. 이 소식은 가난한 아일랜드에서 핍박을 피해 미국으로 건너간 친지와 동료들에게 큰 힘이 될 터였다.

당시 웬만한 크기의 선박에는 마르코니의 무선 송수신 장치가 있었기 때문에 많은 배들에 아일랜드 봉기 소식이 전해졌다. 물론 대서양에 떠 있던 선박의 무선사들은 혼자서만 이 소식을 알고 있으려 하지 않았다. 이들은 마치 수다를 떨듯 너도나도 같은 내용을 받아 다시 주위로 전파했다. 마치 릴레이하듯이 아일랜드 봉기 소식은 순식간에 배에서 배로 이어졌고, 마침내 북미 대륙까지 전해졌다. 그야말로 방송(Broadcasting)처럼, 어떤 배든지 이 신호를 받아 미국에 전해달라는 심정으로 쏜 전파가 목적을 달성한 것이다. 이 소식은 미국 신문에 대서특필되었다. 그들은 방송이라는 개념을 미처 몰랐지만 이미 방송을 하고 있었던 셈이다. 그리고 차츰 사람들의 머리에선 미디어로서 '라디오'라는 새로운 개념이 생겨나고 있었다.

라디오의 시대가 열리다

아마추어 무선의 확산은 라디오 시대로 건너갈 수 있는 기반이 되었다. 비록 음성이 아니라 무선전신 형태이기는 했지만, 아마추어 무선사들은 무선을 통해 교류하며 네트워크를 만들어나갔다. 이들은 열정적으로 신호를 탐색하고 교신하며 서로의 경험을 공유했다. PC통신이 보급되던 시절에 초기 인터넷 마니아들이 문자 중계나 온라인 게시판 등을 통해 열심히 소식을 주고받은 모습이 절로 떠오른다. 새로운 미디어가 등장하는 초기에는 항상 열광적인 마니아층을 통해 세를 확산하는 현상이 나타난다. 바로 이즈음 '무선(wireless)'이라는 용어가 '라디오(radio)'라는 말로 대체되기 시작했다. 이는 단순히 '선이 없다'는 기술적 특성이 아니라 '널리 퍼진다'는, 즉 무언가를 전파할 수 있다는 미디어적 특성이 더 부각되기 시작한 개념상의 변화였다.

모스부호를 무선으로 송수신하는 것에서 시작된 무선통신은 소리를 직접 전달하는 것에도 관심을 갖게 되었다. 특히 주파수 대역을 나눠서 일정한 주파수 채널을 확보해 다양한 정보를 보낼 수 있게 되자, 마르코니의 무선전신과 벨의 전화를 결합하는 시도가 이어졌다. 진공관의 아버지이자 라디오의 아버지로도 불리는 리 디포리스트Lee De Forest도 그런 사람 중 하나였다.

그는 헤르츠도 사용했던, 불꽃이 튀는 전통적인 방식의 스파크

갭 송신기를 활용했다. 실험실에서 파동을 만들던 중, 디포리스트는 스파크가 발생할 때마다 가스등의 불꽃이 커지는 것을 알아챘다. 불꽃이 커지는 것을 보며 그는 신호 증폭에 대한 아이디어를 떠올리게 된다. 무선 신호를 증폭할 수 있으면 모스부호 수준을 넘어 사람의 말소리도 전달할 수 있으리라고 생각한 것이다. 이때가 1910년을 전후한 시기였다. 한창 무선전신 장치가 보급되고 있을 때 그는 한 걸음 더 나아가 소리를 무선으로 전달하겠다는 계획에 골몰한 것이다. 그의 노력은 결코 헛되지 않았다.

몇 년 후 그는 실제로 신호를 증폭해주는, 가스로 채워진 전극 세 개짜리 전구, 즉 3극 진공관을 만들어냈다. 디포리스트가 가스등의 불꽃이 커지는 것을 보며 아이디어를 얻었음을 금방 언급했는데, 그가 신호 증폭의 원인으로 지목한 것은 바로 전구 안의 가스였다. '오디언'이라 불린 이 장치로 출력을 높이면 무선 장치를 통해 훨씬 많은 정보를 실어 보낼 수 있었다. 오디언은 훗날 반도체와 트랜지스터 개발로 연결된다.

디포리스트의 이야기는 해피엔딩은 아니다. 1910년대 초 어느 날, 그는 한 오페라 공연장에 마이크와 송신기를 설치해서 최초의 무선방송을 송출했다. 하지만 이 최초의 방송은 실망스러운 결과를 보였다. 그는 뉴욕 시내 곳곳에 수신기를 설치해놓고 사람들에게 듣게 했는데, 수신기에서 나오는 소리는 윙윙거릴 뿐 음악 소리는 거의 들리지 않았다. 이 일로 인해 디포리스트는 감옥에 갇히기까지 했다. 무

실험실에서 파동을 만들던 중, 디포리스트는 스파크가 발생할 때마다 가스등의 불꽃이 커지는 것을 알아챘다. 불꽃이 커지는 것을 보며 그는 신호 증폭에 대한 아이디어를 떠올리게 된다. 무선 신호를 증폭할 수 있으면 모스부호 수준을 넘어 사람의 말소리도 전달할 수 있으리라고 생각한 것이다. 그는 실제로 신호를 증폭해주는, 가스로 채워진 전극 세 개짜리 전구, 즉 3극 진공관을 만들어 냈다. '오디언'이라 불린 이 장치로 출력을 높이면 무선 장치를 통해 훨씬 많은 정보를 실어 보낼 수 있었다.

선통신 기술을 과장해 팔려고 했다는 이유로 기소된 것이다. 보석금이 필요한 그는 오디언 특허를 AT&T에 헐값에 넘길 수밖에 없었다. AT&T의 기술 연구 조직인 벨 연구소는 당장 오디언 분석에 들어간다. 디포리스트에겐 불행한 일이었지만, 이 기술 특허가 당대의 천재들이 포진해 있던 AT&T의 소유가 된 것은 인류에게는 축복이었다.

연구원들이 오디언을 분석한 결과, 디포리스트의 생각과 달리 오디언 내부의 가스는 무선 신호를 크게 만들지도, 감지하지도 못한다는 사실이 확인되었다. 가스는 사실 아무 쓸모도 없는 것이었다. 대신 디포리스트가 만든 3극 구조가 증폭 작용의 핵심인 것을 알아냈다. 그래서 오디언에서 가스를 완전히 빼내 진공 상태로 만들었다. 이로써 이 기기에는 '진공관(vacuum tube)'이라는 이름이 붙였다. 이를 송신기와 수신기 양쪽에 설치했다. 그러자 신기하게도 전기신호가 증폭되었다. 우연한 발견의 산물인 오디언이 진공관의 발명으로 이어진 것이다. 그 결과 1950년대 반도체가 등장하기 전까지 라디오와 텔레비전, 앰프, 초창기 컴퓨터 등 거의 모든 전자 기기에 진공관이 들어가게 되었다.[9]

1차대전과 라디오의 보급

무선 애호가들이 급속도로 확산되고, 라디오라는 개념이 서서히 자리 잡아가던 시점에 세계는 전쟁의 소용돌이에 휘말리게 된다. 1914년 1차대전이 발발했다. 전쟁은 무선통신을 성장 산업으로 부상시켰다. 남북전쟁에서 유선전신이 빛을 발했다면, 1차대전에선 무선통신과 전화가 그 역할을 하게 된 것이다.

일단 전쟁이 벌어지자 선박, 항공, 자동차 등에서 사용할 무선통신 장비들의 수요가 급증했다. 미국에서는 아메리칸 마르코니 무선전신회사 외에 제너럴일렉트릭(GE: General Electric), 웨스팅하우스(Westing House) 등이 세운 무선통신 기업들이 활약했다. 마르코니가 지키고 있던 막강한 특허 때문에 통신 사업에 뛰어들기 힘들었던 업체들이 전쟁 발발을 기회로 삼아 일제히 무선통신 사업에 뛰어든 것이다.

전쟁을 통해 무선통신의 실용화가 앞당겨진 중심에는 미국 해군이 있었다. 1915년 미 해군은 본격적으로 무선전화(wireless telephone) 서비스를 개발한다. 미 해군은 디포리스트 덕분에 진공관을 이용한 연속파 송신기를 개발해, 점과 선으로 이뤄진 모스부호가 아니라 소리 신호를 무선으로 전송할 수 있는 기술을 확보했다. 정부 차원에서 항공기용 무선전화 개발을 GE와 AT&T에 맡겼고, 1918년에는 송수신 일체형 진공관식 소형 무선전화 장치까지 완성해낸다. 전장에서 쓰이는 무선전화는 모스부호를 몰라도 누구나 기기만 있으면 사용할 수 있었고, 지휘관이 장교들에게 직접 지시를 내릴 수 있었기 때문에 명령 전달의 방식이 훨씬 직접적이었다.

1차대전을 거치면서 미국은 경쟁 국가들보다 일찍 독자적인 기술을 개발한다. 특히 전시에 미 해군이 발전시킨 무선통신 기술은 전후에 라디오 방송이 꽃필 수 있는 토대를 만들어주었다. 대서양 건너 유럽에서 전쟁이 벌어지고 있었던 터라 미국 본토에서 전장의 소식을 알리려면 통신 기술에 의존할 수밖에 없었다. 1차대전이 끝나자 미 해군은 자신들이 개발한 라디오 방송 시스템을 국유화하려 했으나 민간 기업에서 크게 반발했다. 이에 미국 정부는 GE를 앞세워 1919년 민간기업인 미국라디오주식회사(RCA: Radio Corporation of America)를 설립한다.[10]

RCA는 아메리칸 마르코니 무선전신회사를 인수하고 데이비드 사노프에게 경영을 맡긴다. 이후 RCA는 미국을 대표하는 통신 복합 기업으로 성장해나간다. 타이태닉호 침몰 사건에서 유명세를 얻은 사노프는 아메리칸 마르코니 임원으로 일하면서 줄곧 "라디오 방송 사업이 번창할 것"이라고 예견한 인물로, 이 자리의 적임자였다. 그는 1916년 각 가정에 뮤직 박스를 보급하는 사업을 하자고 직접 아이디어를 내기도 했다.[11] 이는 외형적으로 라디오가 어떤 형태로 보급되고 어떤 기능을 할지 눈에 그린 듯이 예견한 제안이었다. 하지만 당시 그의 아이디어는 최고경영진에 의해 무시당했다.

RCA는 라디오 기술을 확보하기 위해 AT&T와도 협상을 벌인다. 무선통신 기술이 빠른 속도로 발전하면서 각종 첨단 기술이 필요했기 때문이다. AT&T는 디포리스트에게 넘겨받은 3극 진공관 기술

외에 필수 기술인 피드백 회로 등에 관한 특허를 갖고 있었다. 그래서 RCA는 AT&T에 경영 참여를 요청한다. 1920년, AT&T는 RCA의 주식을 사들여 GE와 AT&T는 10년간 서로 특허 사용료를 지불하지 않고 서로의 무선 특허를 사용하기로 했다. 오늘날 삼성전자와 애플 같은 기업들이 각종 특허 분쟁을 겪다가 결국 막판에는 특허 상호 사용 계약을 맺는 것과 유사하다. 이런 일이 전기통신 기술의 발전 초기에 이미 벌어지고 있었던 것이다.

이 계약에 따라 전화회사인 AT&T는 무선전신 전화와 전화 회로망에 관한 권리를 갖게 됐고, 제조 기업인 GE는 무선전신 전화 장치를 제조 판매하는 독점적 권리를 얻었다. 요즘으로 치면 AT&T는 KT나 SK텔레콤과 같은 통신망 사업자, GE는 삼성전자와 같은 기기 제조사로서 역할을 분담한 것이다. AT&T와 GE가 이런 관계를 맺게 되자, 또 다른 대형 전기회사인 웨스팅하우스가 가만히 있지 않았다. 웨스팅하우스는 백방으로 뛰어 무선통신에 필수적인 특허 몇 개를 확보한 뒤 RCA를 압박하기 시작했다. RCA는 웨스팅하우스와도 손을 잡는다. 결국 RCA를 중심으로 라디오 기술에 관한 2000건이 넘는 특허가 모이고, RCA는 특허 관리 회사로서 막대한 영향력을 갖게 된다. 요즘 '특허 괴물(Patent Troll)'로 불리는 기업의 원조가 바로 RCA다. 특허 괴물이란, 실제 제품을 개발하거나 만들지는 않고 주요 기술에 대한 특허를 확보해 전 세계 기업들로부터 특허 사용료 수입을 챙기는 방식으로 사업을 영위하는 기업을 말한다.

무엇을 들려줄 것인가

1차대전이 끝나자 징집 해제된 수많은 미국 병사들이 집으로 돌아왔다. 이들은 전장에서 무선통신이라는 '최첨단' 기술을 경험했다. 이들은 민간인 신분이 되어서 이 기술을 대중에 전달하는 역할을 하게 된다. 전장에서 무선통신 기기를 만져본 경험만으로도 직접 간단한 무선 송수신기를 만들어 판매하는 사람들까지 등장했다. 당시 일반인들이 갖고 있었던 무선통신에 대한 지식 수준은 꽤 높았다. 전쟁 중 포로수용소에서 간단한 통신 장치를 만들어 외부와 교신을 시도한 경우도 있었다.

라디오 제조는 사실 별로 어려운 기술이 아니었다. 필요한 부품만 조달할 수 있으면 누구든지 만들 수 있었다. 다만 얼마나 싸게 부품을 조달해 대량으로 생산할 수 있느냐가 관건이었다. 모든 라디오 제조사는 RCA와 특허 계약을 맺어야 했다. 특허 괴물 RCA는 이 과정에서 막대한 이익을 올렸다. 당시 RCA가 받은 특허료는 매출액의 5~7.5퍼센트에 달했다고 한다. 라디오 보급이 늘수록 챙길 수 있는 수익도 점점 늘어나는 구조였다.

라디오를 빨리 보급하기 위해 RCA는 콘텐츠 개발에 나섰다. 사람들이 듣고 싶어하는 무언가를 제공해줘야 했기 때문이다. 데이비드 사노프는 여기서도 맹활약한다. 대부분의 경영진이 라디오로 어떻게 돈을 벌지 막막해할 때 그는 미래의 시장을 정확하게 내다봤다. 사노프는 1921년 7월 뉴욕에서 권투 경기 생중계를 시도했다. 사람들이 무료로 권투 경기 중계를 들을 수 있도록 뉴욕 시내 곳곳에 라디오와 확성기를 설치했다. 타임스 광장에 1만여 명이 운집했고, 다른 곳도 사람들로 미어터졌다. 먼 도시에서 벌어지는 스포츠 경기를 실시간으로 들을 수 있다는 사실에 사람들은 열광했다. 그리고 결과는 대성공이었다.

1921년 처음 권투 경기가 중계될 때만 해도 미국 가정 500가구당 한 대꼴로 라디오를 갖고 있었는데, 5년 만에 20가구당 한 대꼴로 라디오 보급이 확대됐다. 라디오는 1922년 1년 동안 가정용 수신기 20만 대가 판매될 정도로 높은 인기를 누렸다. 1924년에는 155만 대, 1929년 442만 대로 라디오 보급은 매우 **빠른** 속도로 진행되었다. 그리고 10년 뒤에는 미국 내 거의 모든 가정에 보급되었다.[12]

라디오 보급과 함께 방송국도 생겼다. 처음에는 각 지역별로 방송 프로그램을 제작해 내보내는 소규모 방송국들이 우후죽순으로 생겨났다. 이어 1926년 전국 단위 방송국인 NBC(National Broadcasting Company)가 설립됐다. NBC는 사노프가 RCA 경영진을 설득해 웨스팅하우스, GE와 함께 세운 회사다. 방송의 수준을 높이고 RCA의 업계 지배력을 유지하기 위해서였다. NBC는 1927년 대서양을 비행기로 횡단한 린드버그의 워싱턴 도착 등 대형 행사를 방송하며 엄청난 성공을 거뒀다. 이를 지켜보던 미디어 업계의 컬럼비아 포노그래프라는 음반회사가 만든 방송사가 CBS(Columbia

Broadcasting Company)다. 컬럼비아 포노그래프는 CBS를 통해 음악을 방송하면 축음기용 음반 판매량이 더욱 늘어나리라 기대했다.

라디오는 순식간에 전 세계로 보급되었다. 영국에선 1922년에 BBC(British Broadcasting Company)가 설립됐다. BBC는 런던과 버밍엄, 맨체스터에서 차례로 개국했고, 1925년부터는 전국 방송을 실시했다. 영국은 미국과 달리 처음부터 공영방송 체계를 구축했다. 이는 상업광고가 아닌 청취자들이 내는 수신료를 통해 라디오 서비스를 제공하는 모델이다. 일본 NHK나 한국의 KBS와 같은 공영방송사들이 이를 모델로 삼아 설립되었다.

미국 방송사들은 라디오 광고를 통해 수익을 창출하려고 했지만 난관이 없는 것은 아니었다. 예를 들어 미국 상무장관 허버트 후버는 대통령 담화 방송 앞뒤로 상업광고를 붙이지 말라고 엄포를 놓기도 했다. 하지만 미국인들은 라디오에서 재미를 얻길 원했고, 라디오는 이를 위해 재원을 확보해야 했다. 라디오 광고 시장은 나날이 커졌다. NBC가 방송 2주년을 맞았을 때 광고 매출이 1000만 달러를 넘었고, 1930년대 초에는 4000만 달러로, 5년 만에 4배 이상 성장했다. 더구나 이는 대공황의 여파 속에서 일궈낸 성장이었다. 라디오 광고가 떠오르면서 신문 광고는 3분의 1이, 잡지 광고는 절반이 줄어든다. 실제로 라디오 방송이 등장한 이후 10년 동안 미국에선 거의 250개의 일간신문이 폐업했다.

우리나라는 1925년에 라디오 방송이 처음으로 전파를 탔다. 일제강접기였지만 결코 늦은 것은 아니었다. 당시 「조선일보」가 무선 통신을 이용한 미디어 사업의 가능성을 가장 먼저 간파했다. 「조선일보」는 당대의 명창과 국악 연주자들을 불러 모아 공개방송까지 했다. 물론 당시 국내에 공식 집계된 라디오 수신기는 다섯 대뿐이었다. 하지만 이 공개방송을 청취한 사람들의 숫자는 수천 명이었다. 라디오 제조 기술은 비교적 간단했기 때문에 무선 수신기를 직접 조립하는 마니아층도 상당수 있었을 것으로 짐작된다. 「조선일보」를 중심으로 방송 사업을 하고 싶은 11개 단체가 연합해 방송 사업 허가를 신청했지만, 일제의 총독부는 일본방송협회의 승낙 없이는 방송 사업 허가를 내줄 수 없다며 국내 방송 사업자들의 시도를 무산시켰다.

    1927년, 총독부가 주도해 경성방송을 설립하면서 한국에서도 본격적인 라디오 방송이 시작된다. 이 방송은 한국어와 일본어를 섞어서 방송했다. 청취자는 한국인이 많았지만, 방송사에서 주요 청취자층으로 삼은 대상은 한국에 사는 일본인들이었다. 직원도 대부분 일본인이었다. 방송을 듣는 사람의 숫자가 한정되다 보니 경영난이 발생했고, 결국 1930년대가 되어 한국어 전용 채널을 만들어 방송하기 시작했다.

라디오, 재즈, 흑인 인권운동…

라디오 기술은 대중음악의 새로운 시대를 여는 데에도 큰 영향을 미쳤다. 특히 1920~1930년대 미국 뉴올리언스 일부 지역의 흑인들이 즐겨 듣던 재즈를 순식간에 미국 전역으로 퍼뜨리는 데 결정적 역할을 했다.

디포리스트는 라디오를 개발하면서 좀 더 많은 사람들이 교향곡이나 오페라 같은 수준 높은 음악의 혜택을 받는 사회의 모습을 상상했다. 그는 남녀노소 빈부에 상관없이 음악회에 가지 않아도 품격 있는 음악을 즐길 수 있게 된다면 세상이 더욱 진보할 것이라고 생각했다. 하지만 초기의 라디오 기술은 클래식 음악을 그대로 전할 만큼 정교하게 발달하지 못했다. 당시의 라디오 스피커로는 수십 대의 악기가 만들어내는 교향곡의 웅장한 음향을 전달할 수 없었다. 스피커를 통해 전달할 수 있게 소리를 변환하는 과정에서 광대한 음폭의 상당 부분이 사라졌기 때문이다. 때문에 현장에서 듣는 원음과 스피커를 통해 듣는 소리의 차이가 너무 컸다. 클래식 음악은 인간이 들을 수 있는 주파수 내에서 저음부터 고음까지 모든 소리를 다 전달할 수 있는 하이파이(High Fidelity) 기술이 나온 뒤에야 제대로 전달되었다.

반면, 재즈는 클래식과 달리 비교적 원음에 가깝게 라디오로 전달할 수 있었다. 몇 대 안 되는 악기로 주고받듯이 즉흥연주를 이어가는 재즈는 클래식처럼 음폭이 크지 않았고, 소리의 종류도 덜 다양했다. 덕분에 재즈가 연주되는 클럽이나 음악회에 직접 가지 않더라도 라디오 수신기만 있으면 누구나 음악이 연주되는 현장에 있는 듯한 느낌을 받을 수 있었다. 그 결과, 라디오 보급과 함께 재즈는 미국 전역에서 선풍을 일으켰다.

라디오 판매가 늘면서, 경제적으로 궁핍한 뉴올리언스, 뉴욕이나 시카고의 아프리카계 미국인 거주지 등에 한정돼 있던 재즈가 미국 곳곳으로 퍼져나갔다. 그리고 루이 암스트롱, 듀크 엘링턴 같은 스타가 배출되었다. 인기가 정말 많았던 루이 암스트롱은 전국 방송 라디오 프로그램을 진행한 최초의 아프리카계 미국인이었다.

재즈와 라디오가 만나면서 일어난 거대한 문화적 파도는 미국의 20세기에 큰 변화를 몰고 왔다. 그 전까지 단 한 번도 문화의 중심으로 여겨지지 않았던 변방에서 등장한 '소리'가 무선 신호를 타고 확산되면서 젊은이들을 열광시킨 것이다. 재즈만이 아니었다. 이후 로큰롤이나 브리티시 팝, 랩, 힙합 등 영미권에서 등장하는 거대한 대중음악의 흐름이 만들어진 데는 라디오의 공이 컸다. 라디오 덕분에 하위문화가 주류 문화로 역전되는 현상이 곳곳에서 일어났다.

이는 정치적으로도 큰 영향을 미쳤다. 예컨대 재즈의 경우, 흑인으로 대변되는 계층에 내재돼 있던 정치적인 힘을 각성하는 효과가 나타났다. 이후 대중문화를 통해 문화적 주도권을 갖게 되는 세력이 정치적 힘을 발휘하는 현상은 하나의 패턴으로 굳어진다. 특히 재즈는 미국 역사상 처음으로 흑인과 백인이 공감대를 형성한 문화적 현상이기도 했다. 비록 흑백이 직접 만나 교류한 것은 아니었지만, 라디오 스피커를 매개로 같은 음악을 들으면서 일어난 변화였다. 재즈 스타들은 흑인도 재능을 발휘하면 유명해지고 부자가 되고 존경받을 수 있음을 미국 사회에 처음으로 보여주었다.

또 재즈는, 세상을 자유롭게 돌아다니는 전파처럼 이 세상에는 흑인을 막는 어떠한 장벽도 없어야 한다고 깨닫는 계기가 되기도 했다. 이는 흑인들의 정치적 각성으로 이어졌다. 실제로 재즈의 유행과 미국 흑인 인권운동은 밀접하게 연결되어 있다. 마틴 루터 킹 목사는 1964년 베를린 재즈 페스티벌 개회사에서 "우리가 지금 벌이는 자유운동의 힘은 음악에서 비롯된 것입니다"라고 말하기도 했다.[13]

덧붙이자면, 마셜 매클루언 같은 이는 '재즈'라는 말의 어원에서 이 모든 연관성을 찾아낸다. 재즈는 프랑스어 'jaser(재잘거리다)'에서 유래했다는 건데, 재즈가 처음 시작된 루이지애나가 과거 프랑스령 식민지였다는 점에서 그는 이 프랑스어가 어원이라고 봤다. 이 '재잘거림'은 연주가와 춤추는 이와의 대화였다. 대화라는 특징은 같은 리듬을 반복하는 왈츠나 규칙에 얽매인 클래식과는 전혀 다른 성격의 음악을 만들어냈다. 그는 재즈의 정신을 통해 흑인과 백인의 사회적 대화가 나올 수 있었다고 봤다.[14]

TV의 태동기

라디오를 통해 새로운 시대를 연 미국의 통신 업계는 텔레비전 개발에 착수한다. 하지만 TV는 라디오와 전혀 다른 기술이었다. 신호를 전파에 실어서 보내는 방법은 라디오 기술을 통해 어느 정도 검증됐다. 이제 문제는 영상신호를 어떻게 수신해서 다시 나타나게 하느냐는 것이었다. 즉 수상기 개발이 가장 큰 고민거리였다.

라디오 시대를 열어젖힌 데이비드 사노프는 텔레비전 보급에서도 핵심적인 역할을 했다. 1950년 미국 라디오 텔레비전 제조업 협회는 사노프를 '텔레비전의 아버지'로, 그와 함께 TV 수상기를 개발하고 송출 시스템을 만든 블라디미르 즈보리킨Vladmir Zworykin을 '텔레비전의 발명가'로 부르기로 했다는 발표까지 했다. 하지만, 역사의 그늘 속에 살아야 했던 불운한 인물이 한 명 더 있다. 1935년 RCA와 법정 소송까지 벌여 최종적으로 '텔레비전의 발명자'로 인정받았지만, 아무런 명예나 부도 누리지 못한 필로 판즈워스Philo T. Farnsworth라는 인물이다.

라디오 방송이 본격적으로 시작된 1920년대 이후「뉴욕타임스」같은 신문에는 영상을 멀리 떨어진 곳으로 보낼 수 있는 텔레비전 기술 실험에 관한 기사가 실리기도 했다. 1927년 어느 날「뉴욕타임스」1면에는 AT&T의 벨 연구소에서 이뤄진 영상 전송 실험에 대한 기사가 한 편 실렸다.

"실험 단계 TV로 먼 거리에 위치한 연사의 목소리는 물론 모습도 전송, 살아 움직이는 듯한 화면의 사진, 역사상 최초의 쾌거…… 전선으로 보낸 영상에 연사의 목소리를 라디오로 동조시켜…… 상업적 이용은 의문."

당시 벨 연구소는 뉴욕 맨해튼에 있었기 때문에 이들이 이룬 성과는 꽤나 큰 뉴스거리였다. 아무래도 기자들이 쉽게 접할 수 있는 것들이 뉴스가 되는 법이다. 당시 기사는 벨 연구소의 연구실에서 손바닥만 한 유리 디스플레이에 워싱턴에서 이뤄지는 허버트 후버 상무장관의 영상이 재생되는 것을 지켜보고 쓴 것이었다. 익명의 기자는 "연설자와 청중 사이에 존재하는 320킬로미터 이상의 공간이 완전히 파괴되었다"고 썼다. 우연인지도 모르지만, 이는 텔레비전의 개념적 의미를 가장 정확하게 짚은 표현이 아닐까.

기사의 말미에 기자가 '상업적 이용은 의문'이라고 썼듯이 이 기술을 어디에다 써야 할지는 아무도 몰랐다. AT&T는 전화회사답게 이 기술을 이용해 앞으로 사람들이 서로 얼굴을 바라보며 화상 전화를 할 수 있을 것으로 예상했다. 에디슨이 만든 GE도 TV 기술을 개발하고 있었다. 그러나 GE 역시 이 기술을 어디에 써야 할지 정확한 계획을 갖고 있지 못했다. 다만, 누구든지 기술을 개발하면 GE는 제품을 만들 것이었고, AT&T는 이를 전송하는 케이블망을 제공할 수 있을 터였다. TV의 미래를 가장 정확하게 예견한 이는 개인 발명가였던 찰스 프랜시스 젠킨스Charles Francis Jenkins였다. 에디슨과 뤼미에

르 형제에 이어 초기 영화 기술 개발에도 기여한 그는 TV가 "벽난로가 있는 거실에 설치되어 극영화, 오페라, 세계의 움직임을 사람들이 직접 볼 수 있도록 할 것"이라고 예언했다. 비록 그 자신이 TV 기술을 개발하지는 않았지만 영상 산업의 미래를 정확히 바라본 셈이다. 「사이언티픽 아메리카」라는 잡지는 텔레비전이 범죄를 예방하는 데 유용할 것으로 봤다. 이 잡지는 "범죄 용의자가 1000개의 경찰서 화면에 동시에 나타나 신원 파악이 용이해질 것"이라고 추측했다. 요즘의 방범용 CCTV를 떠올리게 한다. AT&T가 화상 통화를 목표로 했던 것처럼, 지금 영상 장치들의 쓰임새를 당시 사람들도 이미 다 예상했던 셈이다. 한때 공상과학소설처럼 받아들여졌던 일들이 하나하나 눈앞에서 모두 실현되었다. 오늘날 미국 테슬라의 최고경영자인 일론 머스크가 주장하고 있는 화성 이주 계획이나 하이퍼루프 같은 기술들도 언젠가는 실현되지 않을까.

TV에 대한 큰 관심과는 달리 당시 AT&T나 GE가 구현했던 기술의 수준은 무척 낮았다. TV를 양산하기는 힘들었고, 기술이 어떻게 발전할지 당장은 로드맵도 그려지지 않았다. 수익을 내야 하는 기업들로서는 언제 끝날지도 모를 계획을 기약 없이 추진하는 것은 무모한 일이었다. 급기야 벨 연구소는 1920년대 말에 TV 관련 기술 개발을 중단하고, 그때까지 확보한 기술을 모두 공개해버렸다.

불운했던 TV의 아버지

상업적으로 이용이 가능한 TV 기술은 미국 유타주 출신의 무명 발명가인 필로 판즈워스가 개발했다. 그는 이전까지와는 전혀 다른 방식으로 진공관과 전자빔을 이용해 영상을 만들었다. 이 기술은 이미지를 150개의 줄로 잘게 나눠 쏘아주는 해상관(image dissector tube)이 핵심이었다. 이미지를 한 번에 한 줄씩 잘게 나눠 스캔해서 이를 인간의 눈이 파악하기 힘들 정도의 빠른 속도로 쏘면 화면에 그림을 그릴 수 있었다. 이미지를 분해해서 쏘아도 이를 하나로 인식하는 눈의 착시 현상을 이용한 기술이다. 그는 자신의 기술을 지키기 위해 영상 스캔과 포커싱 등 165건의 특허를 냈다. 하지만, 그에겐 딱 한 가지가 없었다. 바로 이 모든 것을 상업화하는 능력이었다. 그때 그의 앞에 데이비드 사노프가 나타났다.

사노프는 1929년 뉴욕 로체스터에서 열린 라디오 방송 엔지니어들의 총회에서 블라디미르 즈보리킨이라는 기술자를 소개받았다. 그가 라디오 기술 세미나에서 영상 전송 기술에 대해 설명하는 것을 듣고 사노프는 즉각 이 인물을 고용한다. 라디오 산업의 전성기를 맞아, 본인도 인생의 최대 전성기에 있었던 사노프는 거침이 없었다. 그는 즈보리킨을 고용하고 2년의 말미와 연구비를 주고서 TV 기술 개발을 맡겼다. 한동안 순풍을 탄 듯했던 TV 개발은 장애물을 만난다. 즈보리킨의 TV 기술과 같은 방식의 기술을 이미 누군가 특허로 등록

판즈워스

사노프는 1929년 뉴욕 로체스터에서 열린 라디오 방송 엔지니어들의 총회에서 블라디미르 즈보리킨이라는 기술자를 소개받았다. 그가 라디오 기술 세미나에서 영상 전송 기술에 대해 설명하는 것을 듣고 사노프는 즉각 이 인물을 고용한다. 사노프는 즈보리킨에게 2년의 말미와 연구비를 주고서 TV 기술 개발을 맡겼다. 한동안 순풍을 탄 듯했던 TV 개발은 장애물을 만난다. 즈보리킨의 TV 기술과 같은 방식의 기술을 이미 누군가 특허로 등록해놓은 것이었다. 바로 판즈워스였다.

TV를 선보이는 즈보리킨

해놓은 것이었다. 바로 판즈워스였다.

사노프의 RCA는 판즈워스에게 모든 특허를 10만 달러에 사겠다고 제안했다. 하지만 판즈워스는 이를 모욕으로 받아들였다. 협상이 결렬되자 RCA는 자체적으로 기술 개발에 들어간다. 동시에 지루한 소송전이 시작되었다. 판즈워스는 RCA가 자신의 특허를 침해했으며, 기술을 빼내기 위해 자신과 직원들에게 접근했다고 고소했다. 사노프는 이런 상황을 참지 못했다. 그는 꼼수도 마다하지 않는 인물이었다. AM 라디오보다 훨씬 신호가 맑고 강력한 FM 라디오 기술이 등장했을 때도 기술적인 경쟁을 벌이기보다는 FM 라디오 진영이 기를 펼 수 없도록 연방통신위원회에 영향력을 발휘해 주파수 배정을 지연시켰으며, 법정 소송을 통해 이들을 고사시키는 전략을 택했다. 하지만 1935년 미국 법원은 '이론의 여지없는 텔레비전의 발명자'라며 판즈워스의 손을 들어줬다.

RCA는 이 판결을 철저히 무시했다. RCA는 1939년 뉴욕 세계박람회장에 실제로 작동되는 TV를 전시했다. 사노프는 판즈워스에게 특허료를 지불하지 않았고, 사용 허가도 받지 않았다. 다시 법정 공방이 이어졌다. 수년간의 다툼 끝에 RCA는 100만 달러와 판매되는 모든 텔레비전의 저작권료를 판즈워스에게 지불하는 데 동의했다. 그러나 시간이 너무 오래 걸렸다. 판즈워스의 중요한 특허들은 이미 1940년대 말에 종료를 앞두고 있었다. 막 TV 산업이 뜨기 직전에 특허가 종료됨으로서 그는 막대한 부를 누릴 기회를 가져보지도 못했다.

판즈워스는 세계 최초로 TV 수준의 또렷한 영상을 보낼 수 있는 기술을 구상하고 실제로 개발하기까지 했지만, 거기가 끝이었다. 이를 완벽한 오락과 뉴스 시스템으로 만들 능력은 사노프에게 있었다. 판즈워스는 이후 은둔 생활을 하면서 알코올에 빠져 살다가 1971년 예순 넷의 나이에 사망했다. 「뉴욕타임스」는 그의 부고를 알리는 기사에서 '텔레비전 설계의 선구자'로 그를 소개했다.

전파란 무엇인가

　무선통신과 이동전화, 라디오, TV에 이어 스마트폰까지, 인류가 전파를 자유자재로 다루기 시작하면서 수많은 신기술이 등장했다. '전파'는 '전자기파'를 줄여서 부르는 말이다. 전자기파는 전기장과 자기장의 진동에 의해 생겨난 다양한 주파수를 지닌 파장들로 이뤄져 있다. 빛도 전자기파의 일종이다. 창문을 통해 들어오는 태양광선이나 인공적으로 만들어낸 각종 광선을 포함해, 우리 눈에 보이지 않는 엑스선이나 자외선, 야간 투시 카메라에 쓰이는 적외선, 전자레인지의 마이크로파, 라디오와 TV 전파, 스마트폰을 들고 애타게 찾아다니는 무선공유기의 와이파이 등이 모두 전자기파의 일종이다. 요컨대 전기와 자기가 서로 도움을 주고받으며 만들어낸 파동인 것이다.

　통신용으로 사용되는 무선전파는 특정 대역의 주파수를 갖고 있다. 인류는 무선통신을 개발한 이래 일반 무전기에서 라디오, TV,

휴대전화, 우주 통신에 이르기까지 점점 다양한 대역의 주파수를 쓰고 있다. 처음 마르코니가 사용한 모스부호는 무선전파를 연결하거나 완전히 끊는 행위를 반복하는 데 불과했지만, 점점 전파를 자유롭게 다룰 줄 알게 되면서 주파수 대역별 용도도 다양해졌다. 전파가 주파수 대역별로 각기 다른 특징을 보이기 때문이다. 예컨대 요즘 우리가 집에서 흔히 쓰는 무선공유기의 주파수는 통신용 주파수 중에선 매우 높은 고주파수 대역으로 분류된다. 무선공유기는 2.4기가헤르츠의 주파수를 사용하는데, 전파는 주파수 대역이 높을수록 파장이 짧아져 직진성이 매우 강하다. 이 대역 주파수의 전파는 벽도 뚫고 지나갈 정도인데, 그래서 우리 집 거실에 놓아둔 무선공유기의 와이파이 신호가 옆집에서도 잡히는 것이다. 비밀번호를 설정해놓지 않으면 옆집서도 쓸 수 있다. 하지만 대부분의 무선공유기는 출력을 낮게 만들었기 때문에 생각보다 멀리 가지는 못한다.

전파가 멀리까지 도달하기 위해서는 직진성보다 잘 휘어지는 성질(회절성)을 갖고 있어야 한다. FM 라디오나 AM 라디오에 쓰이는 전파는 주파수 대역이 무선공유기보다는 훨씬 낮고 멀리까지 도달하는 특성을 갖는다. 방송국에서 쓰는 전파를 지상파(ground radio wave)라고 하는데, 이는 지표면을 따라 전달되는 전파를 의미한다. 지상파는 최대 1000킬로미터까지 도달할 수 있다. 그렇다고 서울에서 부산까지 직접 중계하기는 힘들다. 지표면을 따라가면서 손실이 증가하기 때문에 계속 중계를 해주어야 한다. TV나 라디오 모두 중계방송을 해야 하는 것은 이 때문이다. 그리고 역시 비슷한 특성을 가진 전파를 이동통신에 활용하는 휴대전화도 기지국이 있어야 한다. 방송 통신용으로 가장 많이 쓰이는 700메가헤르츠 대역은 멀리 도달하면서도 직진성이 강해 여러 가지로 효율적인 주파수 대역이다. 그래서 옛날부터 이 대역은 '황금 주파수'라는 별명으로 통했다. 이동통신 도입 초기 이 주파수를 차지하면 상대적으로 기지국을 적게 세워도 되기 때문에 초기 투자 비용을 줄일 수 있었다. 방송사와 통신기업들이 이 대역 주파수를 서로 차지하기 위해 경쟁한 적도 있다. 국가 재난용 통신망에 이 대역 주파수를 쓰고 있다.

대기권 상층부에서 반사가 되고 지표면이나 수면에도 반사가 잘되는 성격을 가진 주파수는 아주 멀리, 심지어 지구 반대편까지 도달할 수 있다. 육지와 바다와 하늘(대기권 상층부, 이른바 전리층)에 부딪히면서 반복적으로 반사되다 보면 어느새 지구 반대편까지 도달하는 것이다. 이런 전파의 속성을 알았기에 마르코니는 유럽에서 대서양 너머 미국으로 전파를 보낼 수 있을 것이라고 생각했다.

전파를 인공적으로 만들어내려면 전기와 자기의 음양 관계를 알아야 한다. 전기장이 변하면 자기장을 만들어내고, 자기장이 변하면 역시 전기장을 유도한다. 따라서 이 둘의 변화를 유도하면 서로 도움을 주고받는 파장을 만들어낼 수 있다. 전파는 완전한 진공에서도 장애 없이 통과한다. 우주로 뻗어나갈 수 있기 때문에 우리는 안방에 앉아서 뉴허라이즌스호에서 보내온 명왕성 사진을 볼 수 있는 것이다. 다만 전파는 물은 통과하지 못한다. 잠수함은 물속에 있을 때 교신을 위해서 음파나 초음파를 쓴다. 몸속을 들여다볼 때 쓰는 엑스선도 전자기파의 일종이다.

소리도 일종의 파동(음파)이다. 우리가 전파를 통해 음성을 보내고 받을 수 있는 것은 파동이라는, 전파와 음파의 동일 속성을 이용하기 때문이다. 아날로그 무선통신기나 라디오는 음파를 전파에 실을 수 있도록 변조해 송신기를 통해 보내고, 수신기에서 전파를 받아 음파를 분리해내는 과정을 통해 소리를 재생했다. 물론 이를 위해선 음파를 전파에 실을 수 있도록 변조해주는 진공관이 개발되어야만 했다.

진공관 시대에 이미 완성된 전자 제품의 기본 원리

　음성을 증폭할 수 있는 3극 진공관은 앞에서 말했듯이 디포리스트가 발명했다. 이를 바탕으로 전축이나 녹음기, 라디오, TV가 만들어졌다. 지금도 진공관 오디오 마니아들 중에는 빨갛게 달아오른 채 열을 방출하며 작동하는 진공관 필라멘트를 보면서 그 은은한 분위기를 즐기는 사람도 많다. 처음에는 직류와 교류를 전환하는 정류나 증폭에만 사용됐던 진공관은 그 외에 변조, 검파 등으로 쓰임새가 다양해졌다. 변조는 음성신호를 전파에 겹쳐서 보낼 수 있도록 해주는 작용이다. 전파 자체는 정보를 전할 수가 없기 때문에 음성신호를 전파할 수 있는 보조 작용을 하는 반송파를 만들어 보내줘야 하는데 이때 반송파를 만들기 위해서 진공관을 사용한다. 이를 변조라고 한다. 이렇게 신호를 보내면 그 속에는 음성신호가 진폭의 크기로 고스란히 포함되는데, 수신기에서 이를 받아 음성신호가 실려 있는 전파만 걸러내는 것이 바로 검파 작용이다.[15]

이런 성질을 이용해 무선통신 기술은 매우 큰 발전을 이뤘다. 물론 초기의 진공관을 이용한 통신 장치는 덩치가 어마어마하게 컸다. 하지만 반도체가 본격적으로 진공관을 대체할 때까지 50년 동안 각종 가전 제품부터 레이더, 전화교환기, 무선통신 장비, 계측 기기, 컴퓨터를 비롯한 거의 모든 전자 기기에서 핵심 부품으로 사용됐다. 지금 사용하는 전자 기기의 원리는 어떻게 보면 진공관 시절에 이미 모두 완성됐고, 반도체가 진공관을 대체한 뒤로는 제품 크기가 소형화되는 시기로 접어들었다고 할 수 있다. 요즘은 진공관을 이용한 전자 제품이 매우 값비싼 사치품으로 여겨지기도 한다.

무선전화 기술 역시 초기에는 진공관을 이용해서 주파수를 변조했기 때문에 장비가 무척 컸다. 아무나 쉽게 다룰 수도 없었다. 무겁고 열을 많이 발생시키며 전력 소모도 많았다. 수명도 짧았다. 기술자들은 끊임없이 진공관을 대체할 만한 물체를 찾고 있었다. 그러던 도중 1947년 벨 연구소에서 진공관의 증폭 작용을 대신하게 될 고체 반도체를 적용한 트랜지스터를 발명하면서, 정보통신 및 전자 기기 분야는 비약적인 발전을 하게 된다. 이후의 이야기는 이어지는 4장에서 계속 소개하겠다.

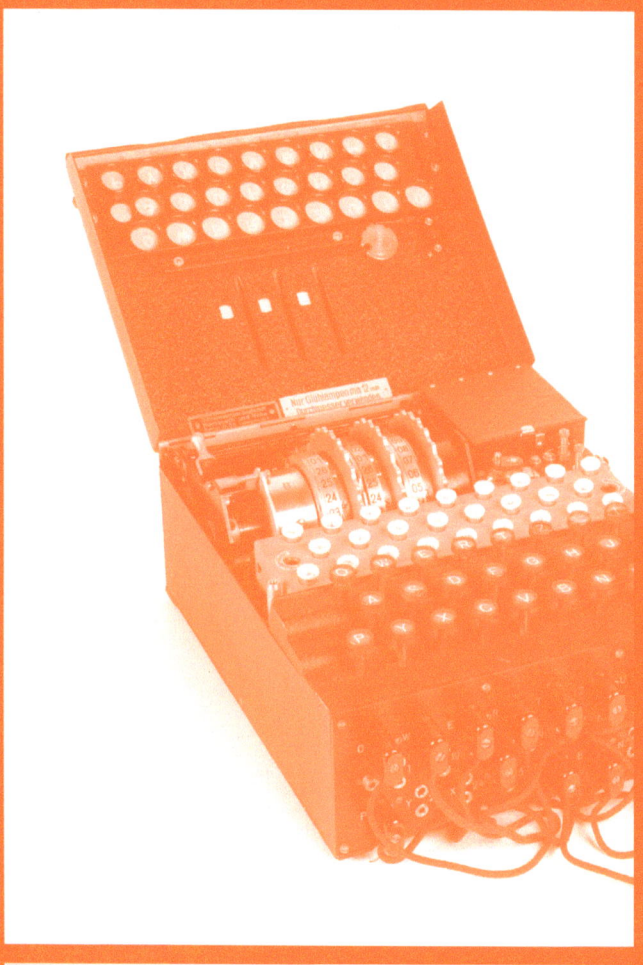

chapter 4

통신 기술이 만든 현대사회

정보를 수집하는 인간

전신과 전화에 이어 TV와 라디오까지 통신 기술이 보급되면서 인류의 생활 방식은 급속도로 바뀌었다. 마셜 매클루언이 『미디어의 이해』에서 "식량을 채집하던 인간이 뜻밖에도 정보를 수집하는 인간으로 전환된다"고 했던 것처럼, 인류는 통신 기술을 손에 쥐게 되자 곳곳에서 정보를 찾고, 변형하고, 전달하고, 이를 통해 세상을 변화시켰다. 정보를 '채집'하는 일은 현대로 오면서 컴퓨터와 모바일 기술을 만나 어마어마한 속도로 빨라졌다. 세상은 지난 150여 년 사이 (특히 최근 10여 년 동안) 그 어느 때보다 빠른 속도로 '연결'되었다. 직접 경험하거나 간접적으로 남에게 전해 듣는 것 외에는 세상에 대한 정보나 지식을 습득하는 방식이 딱히 없던 인간은 문자의 등장과 함께 '읽기'를 통해 경험 세계를 확장할 수 있었다. 하지만 어디까지나 이는 문자를 해독할 수 있는 엘리트 계층에게만 주어진 특권이었다. 움베르토 에코 원작을 영화화한 〈장미의 이름〉에도 나오지만, 이런 지식은 수도원의 수도승들이나 연금술사들을 통해 비밀스럽게 전수되어왔다.

유럽에서는 1500년대에 인쇄술이 등장하면서 비로소 대중이 읽기라는 새로운 정보 습득의 세계로 뛰어들었다. 인쇄 매체 보급과 함께 서구에서는 민주주의의 확대가 이뤄졌다. 종이는 20세기에 이르러 정보 전달과 축적 장치로서의 최대 전성기를 지났다. 20세기 후반에는 전기를 이용한 각종 전자 매체가 번성했고, 21세기 들어 인터넷이라는 새로운 정보 유통 방식이 보급되면서 정보 습득의 방식은 급격한 속도로 바뀌었다.

빛과 같은 속도(전파는 빛과 속도가 동일하다)로 이동하는 전자 매체의 도움 덕분에 인간의 경험 세계는 점점 확대되어 다른 나라의 날씨와 기상이변 소식, 각종 사건과 사고, 정치적 격변에 대한 소식이 통신망을 따라 흘러 다니게 되었다. 특히 최근에는 문자언어 이전의 시대로 돌아가는 양상마저 관측되고 있다. 종이 매체나 문자 기반의 인터넷 웹페이지 도움을 전혀 받지 않고 오로지 TV와 유튜브만으로 정보를 습득하는 세대가 생겨난 것이다. 이는 직접 설명을 듣고 시연을 보며 배우는 방식이다. 적어도 이들에 관한 한 문자가 등장하기 이전, 소크라테스의 시대로 되돌아가고 있다고 볼 수 있을 정도다. 소크라테스는 문맹이었다. 그는 매우 비상한 기억력을 갖고 있었고, 책이 인류의 기억력을 떨어뜨릴 것이라고 우려했다. 고대의 문학이 모두 서사시였던 것도 이유가 있다. 문자가 등장하기 전에도 인간의 지식은 전수되어야 했다. 그래서 쉽게 노래로 만들 수 있고 구전이 가능한 '시' 라는 형식을 통해 집단의 기억을 후대에 남긴 것이다. 이 기억은 책이 아니라 몸에 새긴 기억이었을 것이다.

이처럼 새로운 미디어 기술은 인간의 삶의 방식, 기억의 전승 방식 등 많은 것들을 바꾸어놓는다. 현대에 들어와 보급되기 시작한 정보통신 기술 역시 우리 삶의 외형을 바꿔놓았다. 예를 들어 전화가 등장한 덕분에 고층 빌딩이 등장했고 엘리베이터가 만들어졌다. 또 기하급수적으로 증가하는 전화 통화 수요를 처리하는 기술을 개발하는 과정에서 반도체와 컴퓨터가 등장했다. 그리고 암호화 기술에서 파생된 디지털 기술의 발달로 '정보혁명'이 가능했다. 통신 기술의 그 어느 대목을 찾아보더라도 현대 세계의 다양한 면면과 떼어놓고 설명할 수 있는 것이 없다.

전기통신 기술 이전의 세상

통신 기술의 발달과 함께 가장 큰 변화를 겪은 것은 미디어였다. 텍스트 기반의 신문은 구텐베르크가 인쇄술을 발명하면서 본격적으로 보급됐다. 수도원의 수도사들이 한 자 한 자 필사해야 했던 서적과 문서를 인쇄할 수 있게 되자 대량 전파가 가능해졌고, 이는 정보 전달의 속도를 가속했다. 종교개혁의 기폭제가 된 독일 성직자 마르틴 루터의 저 유명한 면벌부(면죄부) 비판 문서가 가장 상징적인 사례. 면벌부 비판문은 원래 독일 동부 작센안할트주에 있는 비텐베르크 성(城) 교회의 출입문에 붙었던 문서다. 이는 본질적으로 로마 시대의 벽보나 다양한 정견을 발표하던 대학 사회의 게시판과 다르지 않았다. 더구나 라틴어로 씌어져 있었다. 루터는 독일 민중을 위해서가 아니라 라틴어를 읽을 줄 아는 식자 계층을 대상으로 이 논쟁적인 글을 쓴 것이었다. 그런데 이 문서의 내용과 의미에 주목하면서 루터의 문제의식이 가진 폭발성을 깨닫고 대량 전파한 주체는 구텐베르크의 후예라고 할 수 있는 인쇄업자들이었다.

1517년 10월 31일에 붙은 '면벌부의 능력과 효력에 대한 논쟁'이라는 제목의 벽보는 가톨릭교회를 상대로 토론할 논제 목록 95개를 모아놓은 것이었다. 루터는 신학자였기에, '헌금과 동시에 죄인이 연옥에서 풀려난다는 것이 신학적으로 옳은가' '교황에게 연옥을 비울 권한이 있다면 왜 그렇게 하지 않는가' '교황이 가난한 사람들에게 면벌부를 팔아서 번 돈으로 로마에 호화스러운 교회를 짓는 것이 온당한가' 하는 도발적인 질문을 던졌다. 기독교 사회에선 한바탕 소동이 벌어졌다. 하지만 아무리 도발적인 내용을 담고 있어도 예전 같았으면 교회 내의 일로 그치고 말 일이었다. 독일의 한쪽 끝에서 교황의 귀에 들어가기까지 최소 몇 달은 걸릴 일이었다.

통신 기술의 발달과 함께 가장 큰 변화를 겪은 것은 미디어였다. 텍스트 기반의 신문은 구텐베르크가 인쇄술을 발명하면서 본격적으로 보급됐다. 수도원의 수도사들이 한 자 한 자 필사하던 서적과 문서를 인쇄할 수 있게 되자 대량 전파가 가능해졌고, 이는 정보 전달의 속도를 가속했다. 종교개혁의 기폭제가 된 독일 성직자 마르틴 루터의 저 유명한 면벌부(면죄부) 비판 문서가 가장 상징적인 사례다. 그런데 이 문서의 내용과 의미에 주목하면서 루터의 문제의식이 가진 폭발성을 깨닫고 대량 전파한 주체는 구텐베르크의 후예라고 할 수 있는 인쇄업자들이었다.

유럽은 그러나 과거의 그곳이 아니었다. 구텐베르크가 인쇄기를 발명해 보급하고 있었고, 사람들은 인쇄술이 불러온 파급력과 속도의 위력을 깨달아가고 있었다. 그리하여, 정확하게 두 달 뒤인 1517년 12월에 소책자 형태로 깔끔하게 인쇄된 루터의 비판문이 라이프치히, 뉘른베르크, 바젤에 일제히 등장한다. 더구나 인쇄업자들은 친절하게도 독일어로 번역까지 해놓았다. 덕분에 일반 대중도 루터의 논제를 읽어볼 수 있게 되었다. 속도는 어마어마하게 빨랐다. 루터가 벽보를 붙인 지 2주가 채 지나지 않아 독일어권 전역에서 전단지 형태로 루터의 면벌부 비판문을 볼 수 있었으며, 4주가 지나자 거의 모든 유럽의 기독교 세계에 이 내용이 전파됐다고 한다. 인쇄물의 시대는 이렇게 열렸다.

서적이나 신문, 잡지 같은 인쇄물은 막강한 파급력과 전파 속도를 얻게 됐지만 속도에 있어서는 여전히 말이나 기차와 같은 이동 수단의 한계를 넘어설 수 없었다. 신문은 어쨌든 종이에 찍힌 활자라는 '물리적' 한계를 갖고 있었고, 이를 누군가가 직접 실어 날라야 했기 때문이다. 지금도 이른 새벽이면 신문사 윤전기에서 막 인쇄되어 나온 신문을 실은 차량이 전국 각 지역으로 배달을 한다. 이처럼 종이에 찍힌 문자(정보)는 아무리 파급력이 커도 본질적으로 속도의 한계를 갖고 있다. 신문이 지금도 경쟁자들이 바로 베낄 수 없는 단독 정보, 즉 '특종'을 놓고 경쟁을 벌이는 것은 바로 이 때문이다. 이는 속도가 아니라 내용 경쟁이 신문 매체의 본질임을 의미한다. 전신 기술이 처음 세상에 등장했을 때 신문 사업자들이 열광했던 것은 그동안 포기하고 있었던 '속도'의 한계를 깰 수 있으리라는 가능성을 보았기 때문이다.

신문 사업자들은 이 속도만 획득한다면 단독 정보를 신문에 실을 가능성도 더욱 커질 것으로 보았다. 앞에서도 잠깐 언급했듯이, 신문 사업자들이 값비싼 전신망을 이용하기 위해 돈을 갹출해 만든 것이 바로 연합통신(AP)이었다. 인터넷과 모바일이 등장한 이후에는 신문의 속도와 내용을 차별화하기 위한 변신이 새로운 과제로 또다시 등장했다.

정보를 갈구하는 인간

인간에게는 강력한 소통 욕구가 존재한다. 저 먼 옛날 동굴 속에서 군집을 이루어 살기 시작할 때부터 정보 소통에 대한 강력한 욕구를 갖고 있었다. 정보의 교환을 통해 강력한 사회적 유대를 만드는 것은 종(種)으로서 인간이 생명을 유지할 수 있는 조건이었다. 참고로, 영장류 무리의 '털 고르기'도 본질적으로는 강력한 커뮤니케이션 행위다. 일본의 유인원 연구가 마사타카 노부오는 『휴대폰을 가진 원숭이』에서, 인간이 끊임없이 메시지를 확인하고 타인의 존재를 확인하는 모습을 보며, 인류는 휴대전화를 들고 잠시도 쉬지 않고 일종의 털 고르기를 하고 있다는 가설을 제기했다. 즉 인간은 끊임없이 집단 속에서 자기의 존재를 확인하고 정보를 주고받으면서 살아왔는데, 이는 원숭이들이 무리 속에서 의미 없는 소리를 끊임없이 내며 서로를 확인하는 행위와 본질적으로 다르지 않다는 것이다. 서로의 반응이 들리지 않는 사태를 방지하는 이런 사회적 행위가 곧 커뮤니케이션의 본질이라고 할 수 있다. 이는 스마트폰이 등장한 이후 우리가 수시로 페이스북이나 트위터 같은 소셜미디어를 확인하는 행위를 연상시킨다.

영국 언론인 톰 스탠디지는 로마 시대부터 이미 강력한 소셜미디어가 인간 사회에 존재해왔다는 주장을 편다. 지금의 소셜미디어처럼 개인 간의 소통을 위한 미디어가 당시 사회 구성에 필수적이었다는 주장이다. 그는 인쇄술과 통신 기술의 발전에 의해 등장한 신문, 잡지, 방송 같은 매스미디어 이전에 소셜미디어도 존재했다고 본다. 그의 견해에 완전히 동의할 수는 없지만, 그의 발상은 충분히 참고할 만하고, 한편으로 인간의 소통 욕구를 설명해주는 측면도 있다.

앞서도 잠깐 언급한 바 있는데, 톰 스탠디지의 주장을 따라가 보면 이러하다. 로마 시대에는 노예들을 이용해 뉴스를 유통했다. 사람 자체가 커뮤니케이션 도구였던 것이다. 기원전 59년 로마 집정관에 선출된 카이사르는 원로원 회의록을 매일 취합해 발표하라고 명령했다. 요즘으로 치면 일종의 관보인 셈인데, 명칭은 '악타 디우르나'였다. 디우르나는 '매일'이라는 뜻으로, 저널(journal)과 저널리즘

(journalism)의 어원이기도 하다. 신문의 시작 역시 바로 이 '악타 디우르나'였음을 알 수 있는 대목이다.

악타 디우르나는 매일 로마 한가운데 있는 광장인 포럼의 목판에 게시됐다. 로마의 부자들은 노예를 시켜 매일 이 정보를 필사해 받아 보았다. 악타 디우르나에 올라온 정보를 사본으로 대량 만들어 배달 판매하는 업자들도 있었다. 손 빠른 필경 노예들을 수십 명씩 거느리고 있었기에 굳이 인쇄술을 개발할 필요성도 느끼지 못했다. 이들이 필사한 관보는 다시 인편을 통해 로마 제국 전역에 퍼져나갔다. 신문처럼 대량으로 유포되지는 않았지만, 정치적 의사 결정에 개입할 권한을 가진 귀족들이나 부자들은 최선을 다해 정보를 입수한 것이다.[1]

로마에는 요즘의 익명 게시판이나 소셜미디어에 비견할 만한 또 다른 매체들도 있었다. 대표적인 것은 로마 시내 곳곳의 담벼락이다. 이곳들은 온갖 정치적 메시지, 개인적 호소 등으로 덮여 있었다.[2] 도시국가에서는 이것도 훌륭한 커뮤니케이션 수단이었다. HBO의 드라마 〈로마〉에는 카이사르가 자신에게 우호적인 여론을 조성하기 위해 이 뒷골목 낙서를 활용하는 장면이 자주 등장한다. 정적(政敵)을 공격하기 위해 헛소문을 퍼뜨리는 데도 벽보와 낙서는 유용했다. 이는 요즘으로 치면 각종 인터넷 카페의 익명 게시판이나 트위터, 신문 기사에 붙는 댓글 여론 같은 역할을 했다고 볼 수 있다. 이런 것을 보면, 기술 발전 수준이 낮았던 때도 인간의 의사소통에 대한 욕구는 현대인과 별 차이가 없지 않았나 싶다.

　　로마의 귀족들은 자신들끼리 의견을 주고받고 댓글까지 달 수 있는, 요즘의 소셜미디어와 매우 유사한 소통 수단도 갖고 있었다. 귀족들은 '타벨라리우스'라 불린 서한 전달꾼들에게 편지 운반을 맡겼다. 빠른 답신이 필요하거나 여러 사람이 돌려봐야 할 때는 값비싼 파피루스 대신 '납판'을 사용했다. 나무 액자가 판을 둘러싸고 있는 모양이 흡사 아이패드를 떠올리게 해서 우리에게도 낯설지 않다. 이 납판에 철필로 내용을 써서 전달하면, 그걸 본 사람이 같은 판에 내용을 더해서 그다음 사람에게 보내는 식으로 의견을 취합할 수도 있었다.[3] 한 번에 여러 사람이 같은 내용을 돌려 볼 뿐만 아니라 자기 의견을 댓글로 남기는 형태가 요즘의 소셜미디어가 돌아가는 방식과 동일하지 않은가.

　　인간은 원초적으로 정보를 갈구하는 존재다. 인간이 언어를 만들어낸 이후 정보의 흐름은 생존을 좌우했고, 나중에는 인간 사회를 원활하게 돌아가게 하는 핵심적인 수단이 되었다. 유럽의 중세는 이처럼 원활하던 정보의 전달 속도가 느려지면서 1000년간 암흑기에 접어든 것이라고 볼 수도 있다. 이 긴 암흑기를 깨고 인간 사회에 다시 언로가 만들어지는 데 결정적인 역할을 한 것이 구텐베르크의 인쇄술이었고, 그 뒤를 이어 전신과 전화가 발명되면서 인류는 이제 전 지구적인 소통을 할 수 있는 현대사회로 넘어올 수 있었다.

일기예보, 빅데이터…
정보가 많아질수록 세상은 좁아진다

전기통신 기술의 등장으로 인해 인류가 세상을 바라보는 시각은 달라졌다. 지구상에서 일어나는 모든 현상이 서로 연결되어 있다는 것을 사람들은 조금씩 깨달아가고 있었다. 가장 빠르게 나타난 것이 날씨에 대한 인식의 변화였다. 날씨 정보는 전신 보급 초창기에 전신을 타고 전달되는 대표적인 핵심 정보로 자리 잡게 됐다. 예를 들어, '남부 지방은 비, 중부는 흐림, 서울은 맑음'과 같은 소식이 당시에는 최첨단 정보였다. 자신이 도달할 수 없는 먼 곳의 현재 날씨를 알 수 있는 '기상 통보'라는 아이디어는 매우 혁신적이었다. 당시 작물에 투자하는 사람들은 해당 작물 재배지에 관한 기상 통보를 받아 보기 시작했다. 주요 작물 생산 지역의 작황을 예상해가면서 투자를 하는 이들로선 훨씬 정확한 정보원이 생긴 셈이었다. 사람들은 여러 지역에 걸쳐 날씨 정보를 주고받게 되면서 이제 날씨를 특정 지역에 갑자기 생기는 현상으로 보지 않고, 날씨를 만들어내는 기상 현상을 광범위하고 상호 연관된 현상으로 이해하게 되었다. 예를 들어 태풍은 하느님이 노해서 갑자기 생기는 것이 아니라, 먼 바다에서 생긴 거대한 바람이 육지로 다가오면서 만들어지는 현상이라는 것을 경험적으로 보다 명확하게 알게 되었다.

날씨를 다루는 데는 해상 강국이었던 영국이 가장 빨랐다. 영국 정부는 1854년 기상청을 설립한다. 기압계와 폭풍우 예보기와 같은 관측 장비를 갖추고, 관측관들을 항만에 파견했다. 이들이 전신으로 보고한 관측 내용을 근거로 영국 상무부는 날씨 예측을 발표하기 시작했다. 1860년부터는 영국 신문 「타임스」에서도 이를 매일 게재했다. 전신 덕택에 신문사들도 전국 각 지역의 날씨라는, 이전에는 없던 새로운 '정보'를 실을 수 있게 된 것이다. 사람들 머릿속 관념의 세계에서 지리적 거리감도 사라지고 있었다. 대신 동시대를 살고 있다는 느낌이 더 강해졌다.[4]

앞서 1장에서도 이야기했듯이 전신과 철도의 보급으로 인해 지구의 시간은 표준시 체계로 바뀌고 있었다. 하지만 일반 대중 사이에 표준시 개념이 널리 퍼지기까지는 수십 년이 걸렸다. 이전 세대의 사람들은 수백 수천 킬로미터 떨어진 도시에서 그 순간 어떤 일들이 벌어지는지 확실하게 안다는 것에 대한 인식 자체가 없었기 때문이다.

사회 구성원들 사이의 의사소통 과정에서 생산된 기록과 정보들도 저장되기 시작했다. 전신회사를 통해 오고 간 정보들은 자질구레한 내용부터 정치적, 사회적인 대 사건에 대한 이야기까지 매우 다양했다. 전신회사들은 자신들의 서비스를 위해 이 모든 메시지 기록을 보관해야 할 필요성을 느꼈다. 비로소 인류는 개인이나 기업들이 주고받은 메시지 정보를 대단히 광범위하게 저장하는 단계에 접어들게 된 것이다.

빅데이터 역시 정보통신 기술 발달 중에 쌓인 정보를 버리지 않고 처리하는 과정에서 자연스럽게 만들어지기 시작했다. 처음에는 통화 시간을 기록으로 남긴 단순 정보들이었다. 이는 전화 사업자들이 반드시 확보하고 있어야 하는 정보였다. 통신 요금이 비싸다는 주장은 대대로 통신사들을 애먹였는데, 혹시 불거질지 모를 요금 관련 이의 제기에 대비해 전화 사업자들은 가입자가 언제 누구에게 전화를 걸어 얼마 동안 통화했는지 모두 기록으로 남겼다. 과거 전화국에 가면 전화 요금이 좀 많다 싶어 일일이 확인하고자 찾아온 사람들을 흔히 볼 수 있었다. 일반 가정집 전화라도 분 초 단위로 통화 관련 기록이 빼곡하게 기록되었다. 물론 전화 사업 초기에 생성된 정보량은 지금에 비하면 턱없이 적었겠지만, 이런 형태의 정보 더미는 인류가 처음 접하는 것이었고, 당시로서는 빅데이터라고 부를 만한 수준이었다.

전화 산업의 부산물, 고층 빌딩

전신의 등장으로 인류가 세상을 보고 정보를 대하는 방식에 변화가 생겼다면, 전화의 보급은 인간 생활 방식에 큰 변화를 몰고 왔다. 문화사회학자들은 전화가 없었다면 고층 빌딩은 아예 등장하지 않았을 것으로 본다. 전화가 없으면 이런저런 이야기를 주고받기 위해 이 층에서 저 층으로 움직이는 사람들이 넘쳐나 엘리베이터는 하루 종일 붐빌 것이다. 이 경우 고층 빌딩은 매우 비효율적인 건축양식이 될 수밖에 없다. 출근해서 하루 종일 건물 내부를 오르내리느라 업무 효율이 떨어지는 건물에 누가 입주하겠는가.

1908년 미국 AT&T의 임원 존 카티[John J. Carty]는 전화가 없다면 고층 건물은 경제적으로 사실상 무용지물이었을 것임을 지적했다. 그는 거대한 빌딩 안팎으로 오갈 메시지의 방대한 양을 환기하며, 전화가 없었다면 메시지의 원활한 왕래가 불가능하기 때문에 엘리베이터가 있더라도 고층 건물은 사실상 쓸모없었으리라고 말했다.[5]

물론 고층 빌딩의 확산은 1850년대 오티스 엘리베이터의 등장을 빼놓고 설명할 수 없다. 1857년 오티스사의 첫 번째 엘리베이터가 뉴욕 시티스토어 빌딩에 설치된 것이 고층 빌딩용 엘리베이터의 효시다. 그리고 1880년대에 엘리베이터가 전기를 동력으로 이용하게 되면서 급속하게 보급됐다. 미국에선 1871년 시카고 대화재 이후 도시를 재건하면서 고층 빌딩 건설 붐이 일었고, 1884년에 철골 구조의 10층짜리 빌딩이 처음 등장했다. 1913년에는 57층짜리 빌딩까지 등장한다. 1929년 무렵 미국 도시에는 20층 이상 빌딩이 모두 377개 들어서 있었다. 엘리베이터 사업자들은 전화를 원망했을지도 모르겠다. 만약 전화가 없었다면 이들 빌딩에는 무수히 많은 엘리베이터가 필요했을 테니 말이다. 한편 전화는 이런 고층 빌딩을 짓는 것 자체에도 큰 도움이 되었다. 전화 덕분에 지상의 감독관과 저 높은 비계 위의 인부들이 서로 통화하면서 건물을 지을 수 있었다. 건물을 지을 때 맨 먼저 해야 하는 것도 고층에서 지상으로 전화선을 가설하는 것이었다. 전화로 인해 건축 방식에도 큰 변화가 온 것이다. 물론 요즘은 무전기나 무선전화를 사용하기 때문에 별도의 전화선을 가설할 필요는 없다.

전화의 보급은 일반 사무실에서 일하는 방식도 크게 바꿔놓았다. 과거에 전화가 없을 때 비즈니스맨들은 항상 거래처와 가까운 곳에 사무실을 얻어야 했다. 미국의 경우, 도시 각 구역에 업종별로 사무실들이 모여 있었고, 관련 산업 종사자들은 거래처까지 걸어서 다닐 수 있는 거리에 사무실을 내야 했다. 점심이나 커피를 마실 때도 항상 거래처 사람들이 모이는 곳을 이용해야 했다. 그래야 인맥을 쌓고 정보에서도 뒤떨어지지 않았다. 하지만 전화가 보급되자 훨씬 저렴한 비용으로 계속 업무 관계를 유지할 수 있게 되었다. 덕분에 도시 외곽에 싼 사무실을 얻든, 도심에 들어서는 최첨단 고층 빌딩의 쾌적한 사무실에 입주하든 자유롭게 선택할 수 있게 되었다. 전화가 없었다면 도시 외곽이나 고층 빌딩에 입주해 거래선들과 수시로 접촉하며 관계를 유지하기는 무척 힘들었을 것이다.

덕분에 전화회사들의 고객 리스트에는 주요 대도시 지역에 대한 정보가 차곡차곡 쌓여갔다. 어느 순간부터 세계 각국의 관료들은 도시계획을 짤 때 전화회사들이 갖고 있는 지역 자료를 이용해 해당 구역에 대한 정보를 수집했다. 인터넷이 등장하기 전까지 업종별, 지역별 전화번호가 담긴 두꺼운 전화번호부야말로 최고의 정보 획득

엘리베이터의 안전성을 선보이는 엘리샤 오티스

고층 빌딩의 확산은 1850년대 오티스 엘리베이터의 등장을 빼놓고 설명할 수 없다. 1857년 오티스사의 첫 번째 엘리베이터가 뉴욕 시티스토어 빌딩에 설치된 것이 고층 빌딩용 엘리베이터의 효시다. 그러나 문화사회학자들은 전화가 없었다면 고층 빌딩은 아예 등장하지 않았을 것으로 본다. 전화가 없으면 이런저런 이야기를 주고받기 위해 이 층에서 저 층으로 움직이는 사람들이 넘쳐나 엘리베이터는 하루 종일 붐빌 것이다. 이 경우 고층 빌딩은 매우 비효율적인 건축양식이 될 수밖에 없다. 출근해서 하루 종일 건물 내부를 오르내리느라 업무 효율이 떨어지는 건물에 누가 입주하겠는가.

수단이었다. 미국에서 AT&T는 대도시 지역 인구와 업종을 비롯해 한 지역에 관해 가장 방대한 정보를 보유한 기업이 되었다. 공개하지는 않았지만, 누가 전화를 많이 쓰는지 요금을 잘 내는지 등 소득 수준에 대한 정보도 갖고 있었다. 전화가 등장하기 전까지는 한 지역에 대한 이런 방대한 정보를 수집한다는 것 자체가 거의 불가능한 일이었다. 더구나 전화는 이름별로 상호별로 지역 가입자들을 리스트화할 수 있었고, 이는 각종 리서치 업계뿐만 아니라 상거래에서도 훌륭한 데이터베이스가 되어주었다. 통계의 시대가 전화와 함께 본격적으로 시작된 것이다. 도시개발 계획을 수립하는 정부 관계자들도 새로운 도시의 청사진을 만들 때 전화회사들이 갖고 있는 지역 정보를 기반으로 삼았다. 뭔가 사건 사고가 터져서 전문가를 찾거나 필요한 물건을 사야 할 때 지금은 다들 인터넷을 검색하지만, 과거에는 전화번호부가 정보의 보고였다. 필자 역시 신참 기자 시절 큰 사건이 터지면 업종별 전화번호부를 펼쳐놓고 관련 전문가들부터 찾는 것이 일이었다. 이미 인터넷이 보급되기 시작했고, 하이텔이나 천리안 같은 PC통신 서비스도 이용할 수 있었지만, 달랑 전화기 한 대밖에 없는 사회부 신참 기자의 취재 환경에서 이 모든 것은 무용지물이었다. 특히 당시 인터넷에는 쓸 만한 정보가 부족했기 때문에, 아주 짧은 기간이긴 했으나 전화번호부가 인터넷보다 더 유용했던 시절이었다. 물론 몇 년 지나지 않아 인터넷에서 접할 수 있는 정보량이 기하급수적으로 늘어났고, 한국통신(현 KT)이 전화번호부 발간을 중단할 때

쯤 주요 백과사전 출판사들은 하나둘 백과사전 출간을 중단하고 있었다.

전화 보급의 잊힌 공신, 교환기와 교환수

전화교환수들이 맡았던 역할은 초기 통신 사업에서 매우 중요한 영역이었지만, 대부분 여성인 데다 서비스직에 몸담고 있다는 이유만으로 제대로 조명을 받지 못한 측면이 크다. 전화교환수는 문명의 진보와 함께 등장한 신종 직업이었지만, 기술 발달에 따라 매우 빠른 속도로 사라져간 탓에 쉽게 잊힐 수밖에 없는 운명이었다. 전화 가입자 수가 기하급수적으로 늘면서 순식간에 기계식 교환 장치로 대체되었기 때문이다.

전화 네트워크의 숫자는 매우 빠른 속도로 증가했다. 1948년 무렵 3100만 대의 전화기와 2억 2000만 킬로미터에 이르는 전화선을 통해 매일 1억 2500만 건의 통화가 이뤄지고 있었다. 이를 일일이 사람 손으로 연결하기 위해선 전화교환수도 그만큼 많이 필요했다.

기계식 교환기에 이어 전자식 교환기까지 등장한 것은 필연적인 수순이었다. 전자식 교환기를 개발하는 과정에서 컴퓨터 개발까지 이어지는, 전기·전자공학 분야에서 빼놓을 수 없는 연구 성과들이 속속 등장했다. 그리고 이는 지금의 IT, 즉 정보 기술 시대를 여는 토대를 형성했다.

벨 연구소가 그 핵심적인 역할을 했다. 벨 연구소는 20세기 초부터 전자식 교환기를 개발하는 과정에 진공관의 증폭 작용을 이용했고, 이어 1940년대에서 1950년대에는 진공관을 대체하는 트랜지스터까지 개발했다. 이것이 현재의 반도체 산업과 컴퓨터, 인터넷의 시대를 불러왔다. 전신과 전화에서 시작된 통신 기술이 사실상 현대 기술 사회를 만들었다고 해도 과언이 아니다.

전화 기술에서 교환기가 얼마나 중요한지는 잠시만 생각해보면 알 수 있다. 벨이 맨 처음 개발한 전화는 일대일 방식이었다. 교환기란 개념이 없었고, 오로지 목소리를 전기신호에 실어서 전달하면 그만이었다. 그러나 전화를 사무실과 가정에 전달하기 위해선 여러 명의 가입자가 보유한 전화기를 서로 연결시켜, 전화 통화가 이뤄질 때마다 그때그때 '길(통신로)'을 만들어줘야 한다. 이때 연결을 담당하는 것이 바로 교환기다. 만약 교환기가 없으면 어떤 일이 벌어질까. 예를 들어 2명이 통화하려면 통신선이 1회선만 있으면 된다. 하지만 3명이 되면 각각의 가입자를 연결하는 회선 3개가 필요하다. 4명이 되면 회선 6개가 필요하고, 5명이 되면 회선 10개, 6명이 되면 15개가 필요하다. 이렇게 늘어나다 보면 늘어나는 회선 숫자를 전화회사들이 감당할 수가 없게 될 것이다. 만약 교환기가 없다면, 산술적으로 n명의 전화 가입자들을 모두 연결 가능하게 만들기 위해선 $n \times (n-1)/2$개의 전화선이 필요하다. 다시 말해 전화 가입자가 10명이면 45개,

100명이면 4950개, 1000명이면 49만 9500개의 전화 회선이 필요하다는 얘기다.

물론 이런 일은 실제로는 일어나지 않았다. 전화 보급의 초창기부터 교환 업무가 함께 등장했기 때문이다. 전화 사업자들은 가입자당 하나의 전화 회선만 가설하고, 이 전화선을 가장 가까운 거리에 있는 교환국으로 연결하면 그만이었다. 모든 전화 신호는 교환수들에게 모였고 이를 수동으로 다른 가입자에게 연결하는 것이 초기의 전화 연결 방식이었다. 그리고 점점 늘어나는 가입자 숫자에 대처하기 위해 주요 지역마다 전화국이 만들어졌다. 우리나라 주요 지역에는 옛 한국통신의 전화국 건물이 남아 있다. 지금도 이 건물들은 각 지역의 주요 통신 회선들이 모이고 외부로 나가는 길목 역할을 한다. 자동식 전자교환기와 인터넷 회선, 이동통신 기지국 등이 이곳에 모두 모여 있다. 어린 시절 우체국과 함께 전화국에 대한 기억은 묘한 느낌으로 남아 있다. 스스로를 작은 존재로 인식하던 시절, 먼 곳과 연결된다는 느낌은 꽤나 근사하고 낭만적이었다.

기계식 교환기를 만든 장의사

기계식 교환기는 전자식 교환기가 등장하기 이전에 사용됐던 것으로, 일명 '스트로저식 교환기'가 원조다. 지금도 일부 마니아들이 보관하고 있는, 둥근 숫자 구멍에 손가락을 넣어서 돌리는 다이얼 방식 전화기가 바로 스트로저식 교환기와 관련이 있다. 미국에서 이 교환기가 등장하게 된 사연도 재미있다.

19세기 말 미국 캔자스시티에 앨먼 스트로저라는 장의사가 살았다. 그는 어느 날부터인가 손님이 뚝 끊겨 고민에 빠졌다. 도대체 이 마을에서는 죽는 사람이 없는지 도통 그를 찾는 사람이 없었다. 원인을 알아본 그는 분노할 수밖에 없었다. 어이없게도 한 동네에서 경쟁 관계에 있던 장의사의 부인이 전화국 교환수로 취직을 하면서 벌어진 일이었다. 장의사를 연결해달라고 요구하는 전화가 오면 그 전화는 모두 그녀의 남편에게 연결됐다. 일반적으로 상을 당한 가족들은 경황이 없기 때문에 특별한 장의사를 찾기보다는 그냥 "장의사에게 연결해달라"고 말하게 되는데, 이 교환원은 장의사 '앨먼 스트로저'를 찾는 것이 아니라면 전부 자기 남편에게 전화를 연결해주었던 것이다. 요즘으로 치면 매일같이 네이버 연관 검색어에서 최상위에 노출시켜준 셈이다. 이 사실을 알게 된 앨먼 스트로저는 매우 분노하며 전화 시스템을 바꿔야겠다는 생각을 하게 된다. 요즘 같으면 불공정 거래 행위라며 고발할 사안이겠지만, 그는 아예 교환수란 직업 자체를 없애버리겠다고 작정한 것이다.

필요는 발명의 어머니라고 했던가. 1889년, 스트로저는 다이얼을 돌리는 방식의 전화기를 쓰는 자동교환기를 발명한다. 이 다이얼식 교환기만 보급되면 얄미운 교환수를 쫓아낼 수 있을 터였다. 그가 개발한 교환기는 이전까지와는 다른 혁신적인 생각을 담고 있었다. 전화기 다이얼이 특정 숫자만큼 돌아갔다가 제자리로 되돌아가는 과정에서 번호마다 시간 차이가 나기 때문에 서로 다른 펄스가 발생해 자동교환기로 보내진다. 예를 들어 숫자를 7까지 돌리면 되돌아가는 과정에서 전기 접속을 일곱 번 하고 교환기에선 이것을 받아 7번이라는 신호를 인식하게 되는 것이다. 1번이라면 짧게 한 번만 접속하기 때문에 1이라는 것을 알게 될 것이다.

장의사 앨먼 스트로저는 즉시 이 자동교환기 방식에 관한 특허를 냈다. 알렉산더 그레이엄 벨은 누구보다 먼저 이 기술의 진가를 알아봤다. 벨은 곧바로 스트로저와 특허를 이용한 사업 계약까지 맺는다. 하지만 다이얼 전화기를 사용하는 자동교환기의 도입은 상용화에 어려움을 겪는다. 다이얼 전화기와 교환기는 스트로저가 처음 발명한 지 30년이 지난 1922년에야 뉴욕에 처음 보급된다. 이유는 무엇이었을까. 우리에게는 손쉬운 이 다이얼 전화기의 조작 방식을 당시 사람들은 불편하게 느낀 것이다. 그냥 수화기를 들고 교환수에게 "누구 연결해달라" 말하면 연결해주는데, 일일이 다이얼을 돌려 연결하는 것은 오히려 불편하다고 느낀 것이다. 당국에서는 다이얼식 전화기 보급을 위해, 뉴욕의 극장에서 영화 상영 전에 전화기 사용 방법을 홍보하는 광고를 내보내야 할 정도였다.

스트로저 교환기가 등장한 이후 전화 보급 속도도 훨씬 빨라졌다. 하지만 번호 순서에 따라 한 단계씩 교환 단계를 밟아가는 스트로저 자동교환기도 그 구조상 동시에 연결시킬 수 있는 접점의 숫자가 제한돼 있어 대용량의 전화 연결을 감당하기는 힘들었다. 그리하여 1920년에 이런 결점을 보완한 새로운 형태의 크로스바 자동교환기가 스웨덴에서 고안됐다. 이 시대 전화 사업자들은 끊임없이 전화기와 교환기의 성능을 높이는 데 매진했다. 1960년대에는 '톤 방식' 전화기도 개발되는데, 이것이 지금도 우리가 사용하는, 버튼을 누르면 신호가 발생하는 방식의 전화기다. 물론 톤 방식 전화기도 개발된 시점과 일반 대중에 보급된 시점 사이에 20~30년 시차가 존재한다.

초보적인 수준의 전자식 교환기 기술도 마련됐다. AT&T는 1907년 디포리스트가 발명한 3극 진공관을 이용해 전화 신호를 증폭할 수 있었다. 그 결과 대량으로 전화교환 업무를 처리할 수 있게 됐다. 1940년대 들어 2차대전의 종전과 함께 진공관을 대체하는 트랜지스터와 IC(집적회로)가 개발되면서, 자동교환기의 두뇌에 해당하는 계전기(전기회로를 두 개로 나눠 한쪽에서 신호를 만들고 그 신호에 따라 다른 쪽 회로의 작동을 제어하는 장치)에 트랜지스터와 IC가 도입됐다. 1958년에는 이를 바탕으로 벨 연구소에서 축적 프로그램(기능을 수행하는 데 필요한 명령어들을 내부 기억장치에 입력해놓고, 순서대로 하나씩 가져다 실행하는 방식) 방식의 전자교환기를 발명함으로써 본격적으로 컴퓨터를 사용하기 시작했다. 컴퓨터와 교환기의 결합을 통해 처리할 수 있는 정보의 양이 많아지면서 데이터 통신이 보편화하고 종래의 통신과는 양상이 다른 정보통신 기술이 빠른 속도로 확산됐다. 통신 기술의 고도화와 함께 세계는 점점 정보화사회로 다가가고 있었다. 진공관의 시대를 지나 트랜지스터, 컴퓨터가 등장하는 시기의 이야기를 좀 더 자세하게 정리해보겠다.

진공관 시대를 지나서

벨의 전화 특허를 기반으로 만들어진 회사인 AT&T의 엔지니어들은 전화가 발명되고 나서 수십 년 동안 먼 거리까지 전화를 보내는 기술을 개발하는 데 진력했다. 특히 1914년에 열리는 파나마 태평양 만국박람회에 맞춰 뉴욕과 샌프란시스코를 잇는 대륙 횡단 전화선을 개통하는 것이 목표였다. 문제는, 음성을 실은 전기신호는 전달 거리가 길어질수록 신호가 약해지기 때문에 증폭을 해줘야한다는 점이었다. 당시 AT&T의 기술자들은 1912년에 디포리스트에게서 오디언의 특허권을 매입하고 그 장치를 개량하는 작업에 매달리고 있었다. 앞서도 이야기했듯이 오디언은 3극 진공관을 말한다. 작은 백열전구처럼 생긴 이 발명품은 뜨거운 전구 속에 들어가는 필라멘트 전선 대신 세 개의 전극을 갖추고 있었다. AT&T는 이 오디언의 구성요소들에 어떤 재료를 써야 하는지, 어떤 상태여야 효율이 높아질지 연구를 거듭했다. AT&T 연구소에서 개량에 개량을 거듭한 끝에 오디언은 '진공관'이라는 이름을 달고 새로 태어났다. 진공관의 등장과 그 후에 생겨난 것들은 20세기 통신혁명의 핵심 기술이었다. 이후 진공관을 기반으로 만들어진 새로운 중계기가 중간 중간에 배치된 대륙 횡단 전화 회선이, 1915년으로 1년 연기된 태평양 만국박람회에 맞춰 완공된다. AT&T의 전선공들은 13만 개의 나무 전봇대를 세워서 대륙의 끝과 끝을 연결했다.[6]

반도체가 등장하기 전까지 진공관은 거의 모든 전자 기기에 들어가는 만능 부품이었다. 이를 바탕으로 1920년에서 1940년대까지 전자 산업이 꽃필 수 있었다. 라디오와 스피커를 포함해 초기의 전자 장치에는 모두 진공관이 사용됐다.

진공관은 그러나 결정적인 단점을 갖고 있었다. 가장 큰 단점은 자주 꺼진다는 점이었다. 이 때문에 통화 단절 현상이 수시로 발생했다. 특히 백열전구처럼 유리구가 검게 그을리는 현상이 자주 발생해 1000시간 이상을 쓰기 힘들었다. 엄청난 전기 소비량과 큰 부피 때문에 전화 가입자가 늘어날수록 불편이 커지고 있었다. '오래 쓸 수 있고 깨지지 않고 쉽게 꺼지지도 않는, 진공관을 대체할 만한 무언가가 없을까.' 이것이 AT&T의 고민이었다. 벨 연구소는 통신 시스템의 획기적인 발전을 위해, 진공관과 달리 내구성이 강하고 깨지지 않는 물질로 된 신소재를 개발하는 작업에 매달렸다.

1939년 12월, 벨 연구소에서 근무하던 윌리엄 쇼클리는 반도체를 이용해 증폭기를 만드는 것이 가능하리라는 결정적인 아이디어를 떠올렸다.[7] 하지만 이 아이디어는 2차대전 발발로 인해 바로 구체화되지 못했다가, 8년이 지난 후에야 결실을 맺는다. 이번에는 쇼클리의 힘만으로 성공한 것은 아니었다.

게르마늄밸리가 아니라 실리콘밸리

1945년 2차대전이 끝난 후 AT&T 경영진은 진공관을 대체할 신소재 개발 재개를 지시한다. 쇼클리 역시 이 연구에 매달린다. 하지만 이번에는 다른 팀원들이 함께했다. 처음부터 독자적인 아이디어를 갖고 있었던 쇼클리는 혼자서 실험을 진행하곤 했는데, 그의 실험은 번번이 실패로 끝났다. 반면 같은 연구팀의 물리학자 존 바딘과 월터 브래튼은 쇼클리와 다른 방식으로 실험을 거듭했고, 1947년 12월 16일 반도체를 이용한 증폭 실험에 마침내 성공했다.

이어 12월 23일에는 벨 연구소 경영진에게 자신들의 기술을 인정받기 위해, 트랜지스터에 마이크와 헤드셋을 연결한 조악해 보이는 실험 장치를 만들었다. 브래튼이 장치를 작동시켜 마이크에 대고 말하자 반대쪽에 연결된 헤드셋에서 그 소리가 크게 울려 퍼졌다.[8]

과학자들은 이미 오래전부터 게르마늄과 실리콘이 도체와 부도체의 중간적 성질인 반도체의 특성을 지닌다는 점을 알고 있었다. 이들은 실리콘보다 다루기 쉬운 게르마늄을 소재로 선택하고 여기에 불순물을 약간 섞어 반도체를 만들 수 있다는 것을 알아냈다. 이렇게 만들어진 반도체에 양극이나 음극의 전류를 걸면 물질 내부에 흐르는 전류를 자유자재로 조작할 수 있었다. 이 반도체를 통해 만들어낸 것이 트랜지스터 증폭기(Amplifier)였다. 진공관을 기반으로 했던 통신 및 방송 기술의 수신·증폭 시스템을 완전히 바꿔놓는 혁신적 기술이 개발된 순간이었다. 유리로 만든 진공관이 교류를 직류로 만들고, 전파를 걸러내 수신하고, 수신된 전파를 증폭해 소리나 영상으로 전환해주던 기능을 이제 모두 반도체가 대신하게 됐다. 반도체는 진공관과 달리 거의 영구적으로 쓸 수 있었고, 전력 소비도 적었으며 금속으로 패키징한 트랜지스터의 크기도 손톱만 할 정도로 훨씬 작아졌다. 이를 통해 전자 제품의 크기를 획기적으로 줄일 수 있었다. 1960~1970년대 최첨단 제품이었던 '트랜지스터 라디오'는, 이전까지의 진공관 라디오와 구분하기 위해 굳이 명칭에 '트랜지스터'라는 말을 붙였을 정도이다.

처음에는 트랜지스터를 그냥 '장치(the device)'라고 불렀다. 이후 1948년 5월의 벨 연구소 내부 설문에서, 무언가를 전달한다는 의미의 '트랜스퍼(transfer)'와 '저항기(resistor)'라는 말을 합친 '트랜지스터'가 이름으로 채택됐다. 트랜지스터 개발 성과로 쇼클리를 포함한 세 명의 연구원은 1956년에 노벨 물리학상을 받는다. 쇼클리는 팀원인 바딘과 브래튼의 실험이 성공한 직후, 자기가 처음 생각했던 방식으로 반도체 실험에 성공하면서 반도체 개발의 공헌자로 함께 인정받았다. 물론 이들이 처음 트랜지스터용 고체 반도체로 채택했던 게르마늄은 나중에 실리콘으로 대체된다. 만약 실리콘이 아니라 게르마늄을 그대로 썼다면, 미국 서부의 실리콘밸리는 지금 '게르마늄밸리'가 됐을 수도 있다.

트랜지스터 기술은 1956년 AT&T가 미국 정부와 '특허 공유' 계약을 맺은 직후 개발된 기술이어서 누구나 손쉽게 가져다 쓸 수 있었다. 정부는 AT&T의 전화 업계 독점을 그대로 놔두는 대신에, AT&T가 당시 가지고 있었던 특허 및 이후에 낼 특허 모두를 공개하도록 했다. 다른 미국 기업의 요청을 받는 경우 사용 기한과 목적을 묻지 않고 라이센스를 내주기로 계약한 것이다. AT&T는 특히 청각 장애인을 위해 평생을 바친 벨의 뜻을 기려 보청기 회사에 특별 대우를 해줬는데, 그 덕분에 보청기 크기를 획기적으로 줄일 수 있었다. 이어서 트랜지스터가 들어간 전화교환기와 소형 라디오가 등장했다. 트랜지스터 덕분에 거의 모든 전자 장치가 소형화될 수 있었다. 일본의 중소기업 소니가 AT&T에서 트랜지스터 특허를 얻어간 것도 이때쯤이었다. 이후 1960년대부터 소니를 비롯한 일본 전자회사들은 다양한 형태의 초소형 전자 제품을 쏟아내며 세계 시장을 장악해갔다. 하지만 반도체 개발자 중 한 명인 쇼클리는 어마어마한 발명을 해놓고서 특허를 공개해버린 벨 연구소를 이해할 수 없었다. 향후 그는 벨 연구소를 떠나 반도체 양산 기술을 개발하는 반도체 사업에 뛰어들게 된다.

전화가 남긴 가장 큰 유산으로 벨 연구소를 꼽는 이들도 많다.

(왼쪽부터) 바딘, 쇼클리, 브래튼

벨 연구소의 존 바딘, 월터 브래튼은 1947년 12월 16일 반도체를 이용한 증폭 실험에 성공했다. 이어 12월 23일에는 트랜지스터에 마이크와 헤드셋을 연결한 조악해 보이는 실험 장치를 만들었다. 브래튼이 장치를 작동시켜 마이크에 대고 말하자 반대쪽에 연결된 헤드셋에서 그 소리가 크게 울려 퍼졌다. 이들이 만들어낸 것이 트랜지스터 증폭기였다. 이 성과로 쇼클리를 포함한 세 명의 연구원은 1956년에 노벨 물리학상을 받는다. 쇼클리는 팀원인 바딘과 브래튼의 실험이 성공한 직후, 자기가 처음 생각했던 방식으로 반도체 실험에 성공하면서 반도체 개발의 공헌자로 함께 인정받았다.

미국 마이크로소프트의 창립자인 빌 게이츠는 만약 '시간 여행'이 가능해진다면 제일 먼저 가보고 싶은 시간대와 장소로, 반도체가 만들어진 바로 이 순간을 꼽았다. 전 세계에 컴퓨터를 보급하며 정보화 시대의 문을 연 인물로서, 반도체와 트랜지스터가 탄생한 역사적인 순간을 함께하고 싶다는 말이었다.

아이디어 팩토리, 벨 연구소

현재 미국 뉴욕에서 서쪽으로 40킬로미터 떨어진 뉴저지 머리힐에 있는 벨 연구소는 1925년 뉴욕 맨해튼에 처음 둥지를 틀었다. 이 연구소는 거대 독점기업, 그것도 특허권을 무기로 경쟁기업들을 무너뜨리고, 경쟁사의 주요 계열사들을 몰래 인수하고, 어둠을 틈타 경쟁사들의 설비를 훼손하는 일도 서슴지 않았던 통신 공룡 AT&T의 필요에 의해 탄생했다.

이들은 처음에는 AT&T 전용 교환기 설계 등 통신 관련 장치와, 전화 장비 제조사인 웨스턴일렉트릭(WE: Western Electric) 전용 장비와 신제품을 개발하는 것이 목적이었다. 뉴욕 맨해튼 웨스트가 연구실에서 2000명의 기술 관련 전문가가 제품을 개발했고, 300명의 기초·응용 연구자가 관련 연구를 진행했다. 91만 제곱미터(27만 5000여 평) 부지 위에 세워진 그 유명한 뉴저지의 '머리힐 연구소', 즉 벨 연구소는 1942년 문을 열었다.

벨 연구소에는 시카고 대학, 캘리포니아 공과대학, MIT 출신 인재들이 모였다. 명문 대학 연구원 초봉의 2배가 넘는 월급을 줬고, 복지 등 연구 환경도 최고였다. 당시 신기술 제품이었던 전화기를 개선하고 보급하기 위해서는 물리학, 유기화학, 금속공학, 자기학, 전도학, 방사능학, 전자공학, 음향학, 음성학, 광학, 수학, 기계학, 생리학, 심리학, 기상학 등 각 분야의 전문가들이 필요했다. 연구소의 명성이 절정에 달했던 1960년대 후반에는 직원 수 1만 5000명에, 박사학위 소지자만 1200명에 달했다.

벨 연구소는 비교적 실용적인 문제에 집중했다. 예컨대 내구성이 강한 전화기, 장거리 네트워크 시스템, 전화 서비스 품질 향상 등의 연구가 이들의 주요 과제였다. 전자교환기 개발이나 진공관 개선도 모두 전화의 성능을 높이기 위한 것이었다. 이것 말고도 전화기 내구성 실험을 하고, 광택제와 마감제, 납땜용 용제와 화합물을 연구했고, 야외 전화 장비의 손상을 더디게 하기 위해 나무 전봇대를 망가뜨리는 땅다람쥐와 흰개미의 생태까지도 연구했다. 벨 연구소의 어떤 화학자들은 전화 케이블에 비와 얼음이 스며드는 것을 막기 위해 저렴한 전선 피복을 발명하는 데 일생을 바쳤다. 또 통신 요금을 받기 위해서 모든 통화 기록을 남기는 방법도 연구해야 했다. 결국 이런 기술적 문제들을 하나하나 해결하면서 '벨 시스템'이라는 AT&T 주도의 거대한 체제가 만들어졌다.

벨 연구소에서 나온 아이디어를 모든 미국 기업들에서 쓸 수 있었던 것은, 앞서 잠깐 언급했듯 미국 정부가 AT&T의 독점을 유지시켜준 대가였다. 1913년 초부터 AT&T는 미국 내 전화 사업의 독점을 견제하려는 정부와 승강이를 벌였다. 1930년부터 1984년까지 미국에서 전화를 걸려면 AT&T의 전화망을 이용할 수밖에 없었다. 다른 사업자들의 전화 사업 진출을 막은 이런 상황은 공정 거래 위반 소지가 컸다. 하지만 AT&T는 미국 정부를 상대로, 전화망은 너무 복잡해서 후발 사업자들이 독자적으로 운영할 수 없다면서, 믿을 만한 공공 서비스를 제공하려면 한 개 기업이 전화 사업을 운영하는 게 낫다는 논리를 폈다. 이를 모델로 삼아, 영국의 브리티시텔레콤이나 한국의 한국통신 등이 모두 상당 기간 독점 공기업 형태로 운영됐다. AT&T는 1956년 미국 정부와 공식적으로 타협안을 맺는데, 이는 'AT&T의 전화 사업 독점권을 허용하는 대신 벨 연구소의 모든 발명 특허를 다른 미국 기업들이 무상으로 사용하는 것'을 허락하는 내용이었다. 이와 관련해, 벨 연구소에서 특허 기술을 개발한 연구자들에게 상징적으로 1달러를 지급했다는 얘기도 있다. 나중에 소송에 휘말릴 것을 대비해 특허료를 지불했다는 근거를 남기기 위한 것이었다. 반도체를 발명한 연구자들 역시 1달러를 받았다고 한다.

미국 전체로 봤을 때 이는 축복이었다. 벨 연구소에서 만들어진 발명품과 특허는 다른 기업들에서 즉시 사용할 수 있었다. 트랜지스터부터 컴퓨터와 휴대전화까지, 2차대전 이후 미국이 전자공학에서 이뤄낸 성공의 대부분이 결국은 1956년 합의에서 비롯된 것이다. 덕분에 AT&T는 막대한 이익을 거둬들이는 대신에, 새롭게 창조해낸 아이디어를 공공에 공개함으로써 이익을 사회에 환원하는 독특한 형태의 기업으로 성장한다. 미국인들은 전화 서비스를 받는 대가로 AT&T에 높은 요금을 내야 했지만, AT&T가 창조해낸 새롭고 혁신적인 발명은 미국인 모두가 공유할 수 있었다.

벨 연구소에선 노벨상 수상도 줄줄이 이어졌다. 클린턴 데이비슨이 전파 회절 현상을 발견한 공로로 1937년 노벨 물리학상을 받은 것을 시작으로, 90년 동안 14명의 노벨상 수상자를 배출하고 특허 3만 3000여 개를 획득했다. 앞서 이야기했던 트랜지스터 발명(1956)에 이어 유리와 자성 물질의 전자 구조 연구(1977), 우주 마이크로파 배경 복사 발견(1978), 레이저 냉각에 의한 원자 포획 기술 개발(1997), 분수 양자홀 효과 발견(1998), CCD 반도체 이미징 센서 발명(2009), 초고해상도 형광 현미경법 개발(2014) 등으로 노벨 물리학상이나 화학상을 받았다. 1948년에는 수학자 클로드 섀넌이 현재 정보이론의 효시가 된 「통신의 수학적 이론(A Mathematical Theory of Communication)」이란 기념비적인 논문을 발표했다. 1952년에는 음성으로 숫자를 인식할 수 있는 '오드리(Audrey)'라는 세계 최초의 음성 인식 장치를 선보이기도 했다. 음성을 다루는 연구는 전화회사에서 얼마든지 예산을 지원받을 수 있는 분야였다. 이 기술은 애플의 음성 인식 시스템 '시리'의 선조 격이라고 할 수 있다.

물론 벨 연구소의 시도가 모두 성공한 것은 아니다. 기껏 기술을 개발해놓고도 어디다가 써야 할지를 몰라 사장시키다가 다른 사업자에게 사업 기회를 빼앗긴 사례도 허다하다. 예를 들어 1950년대 세계 최초로 실리콘 태양전지를 개발했으나 상업화에 실패했고, 광섬유 개발도 성공했지만 식기 제조 업체인 코닝에 주도권을 빼앗기고 말았다. 1970년대 초반에는 휴대전화 기술을 개발하고도 제품화하지 못했다. 이는 노키아가 스마트폰을 개발해놓고도 세계 1위 휴대전화 사업자 지위에 안주해 스마트폰 시장 진출 시기를 놓친 것과 비슷한 상황이다.

벨 연구소는 1984년 모회사인 AT&T가 미국 정부와의 반독점 소송에서 패배하면서 새로운 길을 걷게 된다. 미국 반독점 규제 당국은 AT&T를 모회사와 7개 지역 자회사로 분할해버렸다. 분할이 이뤄진 후 경쟁 체제가 도입되면서 값싼 장거리전화가 등장했고, 휴대전화 개발 경쟁이 시작되었다.

AT&T는 더 이상 벨 연구소가 지출하는 막대한 연구비를 감당할 수 없었다. 벨 연구소는 1996년 AT&T의 자회사 중 하나인 루슨트테크놀로지에 인수됐다. 그리고 2007년에 루슨트테크놀로지와 프랑스의 통신 장비 기업 알카텔이 합병하면서 알카텔-루슨트 산하로 편입됐다. 2016년 2월에는 핀란드 통신 장비 기업 노키아가 다시 알카텔-루슨트를 인수·합병하면서 벨 연구소의 특허 3만 3000개, 연구 인력 4만 명은 모두 노키아의 밑으로 들어갔다. 현재 노키아-벨 연구소는 미국, 중국, 이스라엘, 독일, 프랑스, 벨기에, 영국, 아일랜드, 핀란드 등 9개국에 연구 조직을 갖추고 있다.

벨 연구소는 오랫동안 '아이디어 팩토리'라 불렸다. 실제로 통신, 컴퓨터, IT, 모바일혁명을 가능케 한 혁신 기술들의 궤적을 거슬러 올라가면 하나같이 벨 연구소에 다다른다. 지금은 비록 다국적 기업의 산하에 있지만, 미국에서 발명된 장거리전화 중계기, 스테레오 사운드, 전파망원경, 해저케이블, 레이저, 미사일, 위성통신, 트랜지스터, 태양전지, 컴퓨터 회로, 컴퓨터 언어, 무선통신, 디지털 화상 기술 등 셀 수 없이 많은 혁신의 산실이었음을 부인하는 사람은 아무도 없다. 「패스트컴퍼니」의 편집장인 존 거트너는 "벨 연구소는 21세기 구글 이전 미국 지성의 유토피아였다. 우리가 현재(present)라 부르는 많은 미래(future)가 벨 연구소에서 구상됐고 설계됐다"고 썼다.

실리콘밸리의 탄생…
디지털혁명이 시작되다

실리콘밸리의 탄생도 벨 연구소를 빼놓고는 이야기할 수 없다. 미국 동부 뉴욕에 있는 벨 연구소가 어떻게 서부의 실리콘밸리가 탄생하는 데 영향을 미쳤을까. 벨 연구소에서 반도체를 개발한 윌리엄 쇼클리가 개인적으로 반도체 사업을 하기 위해 AT&T를 떠나면서 정착한 곳이 바로 캘리포니아 팰로앨토였다. 이곳은 쇼클리의 고향이다.

애플 창업자인 스티브 잡스 역시 팰로앨토에서 자랐고, 췌장암으로 사망할 때까지 온 가족과 함께 생의 마지막을 보낸 곳도 팰로앨토였다. 잡스의 집 근처에는 휼렛패커드사가 있었다. 잡스는 중고등학교 시절에 휼렛패커드에서 아르바이트를 하기도 했다. 그의 절친한 벗이자 애플을 공동으로 창업한 스티브 워즈니악의 아버지는 휼렛패커드의 엔지니어였다. 반도체가 등장하기 전까지 전자 산업에 널리 사용됐던 3극 진공관을 발명한 디포리스트의 연구소 역시 이곳에 있었다. 캘리포니아 주정부는 전자 산업에서 디포리스트가 미친 업적을 기념하기 위해 연구소가 있던 자리에 기념 동판을 설치해놓았는데, 이곳은 윌리엄 휼렛과 데이비드 패커드가 휼렛패커드를 창업한 차고에서 불과 두 블록 떨어진 곳이라고 한다.

쇼클리는 벨 연구소에서 제대로 된 대접을 받지 못하고 있다고 생각했다. 자신이 생각할 때 반도체와 트랜지스터는 어마어마한 잠재력을 갖고 있는데, 대중은 트랜지스터를 단지 진공관처럼 뜨거워질 때까지 기다릴 필요 없이 금방 라디오를 들을 수 있게 하는 기술 정도로만 생각하는 것 같아 무척 답답하게 여겼다. 반도체 기술을 상업화하는 데 전혀 관심도 없고, 오로지 전자교환기의 기능을 개선하는 것밖에 모르는 AT&T도 한심해 보였다. 특허를 소니 같은 회사에 헐값에 넘긴 것도 불만이었다.

쇼클리는 이런 모든 상황을 견딜 수 없었다. 결국 그는 자신의 제자 그룹을 영입해 최초의 반도체 회사를 만들기로 한다. 캘리포니아 공과대학 출신인 쇼클리는 1955년 고향인 팰로앨토로 돌아와 쇼클리 반도체 연구소를 설립했다.

그는 이렇게 실리콘밸리의 역사를 열었지만, 정작 자신은 업계에서 점차 기피 인물이 되어갔다. 당시 쇼클리 사단에 합류한 인물들은 훗날 IT 업계의 전설로 자리 잡은 고든 무어, 로버트 노이스, 장 회르니, 유진 클라이너 등이다. 이들을 포함해 모두 8명의 연구원들이 쇼클리의 밑에서 일하다가 독립했는데, 이들은 쇼클리의 괴팍한 성격을 견디지 못해 뛰쳐나왔다. 당시 이들이 만든 회사가 '페어차일드 반도체'다. 이 회사는 사실상 실리콘밸리 반도체 기업의 원조로 통한다. 쇼클리는 죽을 때까지 무어, 노이스, 회르니, 클라이너, 제이 래스트, 셸던 로버츠, 줄리어스 블랭크, 빅터 그리니치를 '8명의 배신자들'이라고 부르며 부득부득 이를 갈았다고 한다.[9]

페어차일드의 시대가 열리다

이들이 '지긋지긋한' 쇼클리를 떠나 자신들의 꿈인 트랜지스터 상용화를 위해 1957년에 설립한 페어차일드 반도체는 1960년대 이후 지금까지 이 지역에서 전자 산업이 만개하는 터전을 만들었다. 페어차일드 반도체는 자체 제작한 실리콘 결정 성장 장비를 이용한 실리콘 웨이퍼를 만들어 반도체 관련 대량생산의 기틀을 닦았다. 반도체 산업을 다루는 기사에 많이 나오는, 반짝이는 둥그런 원판이 바로 실리콘 웨이퍼다.

페어차일드 반도체는 같은 칩 위에 트랜지스터 여러 개를 형성해 연결해서 복잡한 기능을 구현할 수 있는 집적회로(IC) 제조법을 개발한 회사다. 이는 1960년대 페어차일드 반도체에서 발명한 CMOS(Complementary MOS)라는 기술로, 지금의 디지털혁명을 만들어낸 원동력이다. MOS(Metal Oxide Semiconductor)는 트랜지스터의 구조를 표현하는 말로, 금속산화물 반도체라는 의미다. 우리가 마이크로프로세서라고 부르는 집적회로는 전류의 흐름을 단속할 수 있는 무수한 스위치들의 조합인데, 이 집적회로는 트랜지스터를 조합해 전자회로를 화학적으로 만들어낸 것이다. 여러 가지 회로를 하나의 칩 위에 붙일 수 있게 되자 더 이상 개별적인 부품을 만들 필요가 없었다. 어떤 제품을 만들 때 회로를 설계해 대량으로 찍어내는 것이 가능해졌기 때문이다. 이를 기반으로 초소형화된 전자 제품들이 나오게 됐다. 현재 이 기술은 나노미터 크기의 전자회로를 만드는 수준에까지 도달했다. 손톱만 한 기판 위에 10억 개의 트랜지스터가 들어가는 수준이다. 손바닥만 한 스마트폰이 과거의 집채만 한 에니악(ENIAC) 컴퓨터보다 훨씬 뛰어난 성능을 발휘할 수 있는 것도 이 때문이다.

페어차일드 반도체는 한 토막의 실리콘 결정 위에 아주 작은 트랜지스터들을 화학적으로 찍어내는 방법을 최초로 개발한 회사다. 사실상 이를 통해 반도체 산업 자체를 탄생시켰다. 지금까지 이어지는 반도체 산업의 핵심 기술과 공정이 모두 페어차일드 반도체에서 시작된 것이다. 저 유명한 '무어의 법칙'도 고든 무어가 페어차일드 반도체에 근무하던 시절에 「일렉트로닉스」라는 전자 산업계 전문 주간지에 기고한 글에서 비롯되었다. 1965년 4월에 발표한 이 글에서 무어는 반도체 기술의 발전으로 장래에 통신과 자동차 등 산업 전반에 큰 변화와 발전이 있을 것이라고 전망했다. 그리고 1975년까지 향후 10년간 반도체 칩에 내장되는 트랜지스터의 숫자, 즉 반도체 칩의 집적도가 매년 2배씩 증가하리라는 것을 그래프로 정리해서 예측했다. 이 글이 바로 훗날 '무어의 법칙'으로 불리게 되는 연구의 시발점이 되었다. 무어는 이후 그 자료를 다시 분석해서 그 결과를 1975년 12월 연례 국제 전자소자 학술회의에서 발표했다. 물론 무어 스스로는 '무어의 법칙'이라는 말을 한 적이 없다. 그는 2007년 10월 스탠포드 대학에서 열린 페어차일드 반도체 설립 50주년 기념 좌담회에 토론자로 참석해, 자신의 견해가 법칙으로까지 불리면서 반도체 기술 발전의 지침이 되리라고는 생각지 못했다고 말하기도 했다.

무어는 기고문에서 무어의 법칙만 이야기한 것이 아니다. 그는 현재 우리가 누리고 있는 각종 디지털 제품들, 예를 들어 PC와 무선전화, 자율주행차, 태블릿PC, 빅데이터, 스마트워치 같은 것을 예견했다. 50년 뒤에 사람들이 전자 장비를 어떻게 이용할지 이미 알고 있었던 것이다.

페어차일드 반도체를 세운 8인은 이후 각자의 길을 간다. 그리고 이는 세계 IT 산업의 역사가 됐다. 로버트 노이스와 고든 무어는 1968년 페어차일드를 떠나 인텔을 창립했다. 그리고 인텔은 지금까지도 세계 최고 최대의 반도체 회사로 남아 있다. 나머지 인물들은 벤처 투자자 등의 역할을 맡아 실리콘밸리에 막강한 영향력을 행사하며 활동했다. 벨 연구소에서 시작된 혁신은 이처럼 서부 실리콘밸리로 넘어와 새로운 IT의 역사를 써 내려갔다.

반면 트랜지스터 발명으로 노벨상까지 수상한 쇼클리는 끝내 불명예를 안은 채 잊혀갔다. 부하 직원들을 들들 볶는 괴팍한 성격 때문이었다. 그는 매우 천재적인 인물이었지만, 여러 사람을 통솔하며 기업을 운영하기에는 적합하지 않았다. 우생학에 빠져 인생에 큰 오점을 남기기까지 했다. 말년에는 가족을 포함해 그를 아는 거의 모든 사람들에게서 외면받을 정도로 외로움 속에서 살아야 했다.

암호화는 통신의 숙명

앨런 튜링의 일생을 다룬 영화 〈이미테이션 게임〉을 보면 2차 대전 시기에 전기통신 기술이 얼마나 높은 수준의 진보를 이뤄냈는지 알 수 있다. 이 영화는 '에니그마 머신'이라고 불리는 독일의 암호 생성기가 만들어낸 암호를 해독하기 위해 영국의 수학자인 앨런 튜링이 최초의 인공지능(AI)이라고 볼 수 있는 연산 장치를 만들어내는 과정을 그리고 있다. 당시 영국군은 독일군이 주고받는 방대한 양의 무선통신 내용을 듣고 있었다. 영국은 대놓고 독일의 통신 내용을 도청했지만 가로챈 전신문의 내용은 모두 암호화되어 있어서 무슨 말인지 알 수 없었다. 그래서 당대 최고의 언어학자와 수학자, 물리학자, 심리학자로 구성된 비밀팀을 만들어 이들에게 암호 해독 업무를 맡긴다. 영국군은 폴란드군을 통해 독일의 에니그마 머신까지 입수했지만, 너무 많은 경우의 수가 존재하기 때문에 이를 시간 내에 해독할 수 없었다. 게다가 독일은 매일 자정이 지나면 암호 생성 방식을 바꿔버렸기 때문에, 하루 종일 해독해서 찾아낸 암호 패턴이 다음 날이면 무용지물이 되어버리곤 했다.

그때 한 여성 전신수가 독일인 전신수의 전신 내용에서 특정한 패턴을 찾아내면서 문제 해결의 실마리가 잡힌다. 독일 전신수의 아무 의미 없어 보이는 암호 속에 숨은 특정 패턴을 영국이 드디어 알아낸 것이다. 당시 영국인 여성 전신수는 모습도 얼굴도 목소리도 알 수 없는 독일인 전신수가 아주 매력적인 20대 남성일 것이라고 생각하며 혼자 친밀감을 느끼고 짝사랑에 빠져 있었다. 당시 전신수들은 모스부호로 대화를 주고받으면서도 '자신들만의' 특정한 언어 패턴을 보였다. 자주 교신하다 보면 한 명 한 명의 남다른 어투와 언어 습

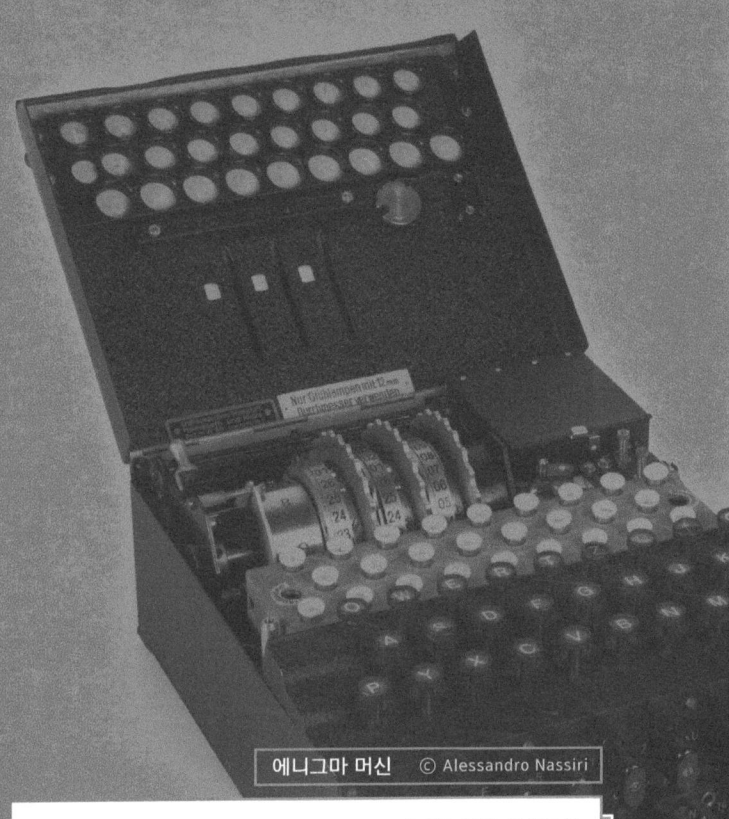

에니그마 머신 © Alessandro Nassiri

2차대전 당시 영국군은 독일군이 주고받는 방대한 양의 무선통신 내용을 듣고 있었다. 영국은 대놓고 독일의 통신 내용을 도청했지만 가로챈 전신문의 내용은 모두 암호화되어 있어서 무슨 말인지 알 수 없었다. 그래서 당대 최고의 언어학자와 수학자, 물리학자, 심리학자로 구성된 비밀팀을 만들어 이들에게 암호 해독 업무를 맡긴다. 영국군은 폴란드군을 통해 독일의 에니그마 머신까지 입수했지만, 너무 많은 경우의 수가 존재하기 때문에 이를 시간 내에 해독할 수 없었다. 게다가 독일은 매일 자정이 지나면 암호 생성 방식을 바꿔버렸기 때문에, 하루 종일 해독해서 찾아낸 암호 패턴이 다음 날이면 무용지물이 되어버리곤 했다.

관까지도 파악할 수 있었다고 한다. 그래서 전 세계에 퍼져 있는 전신수들은 그룹을 이뤄서 한가한 시간에 농담을 주고받는 일도 많았고, 결혼까지 한 사례도 있었다.

초창기 전신 이용자들은 값비싼 전신 요금을 절약하기 위해 약어와 축어를 쓰기 시작했는데, 이는 영업 기밀을 보호하기 위해서도 필요했다. 전신은 이미 초창기부터 암호를 쓰는 데 익숙했던 것이다. 이를 위해 알파벳의 순서를 바꾸거나 일부 내용을 생략하거나, 발신자와 수신자가 서로 공유한 약속과 지식을 담은 '코드북'을 나눠 갖고 메시지를 주고받는 방식을 택했다. 1845년 전신의 초창기에 이미 『비밀 교신용 어휘』라는 코드북이 나와 있었다.[10] 그러니까 전신은 처음 등장할 때부터 코딩과 떼려야 뗄 수 없는 관계였던 셈이다. 이는 지금의 이동통신사들이 양자과학을 이용한 암호통신 기술을 개발하고, 금융 거래를 안전하게 보호하기 위해 블록체인 기술을 도입하는 것과 본질적으로 동일하다. 동시에 코딩은 인간의 언어를 컴퓨터의 언어로 옮기는 것을 의미하기도 한다.

암호화 기술이 만들어낸 디지털

디지털 기술은 바로 이 암호화 기술을 개발하는 과정에서 비약적으로 발전한다. 2차대전 시기에 비밀 전화통신 기술을 개발하면서 이진법, 디지털 압축, 샘플링 등 우리가 현재 사용하는 디지털 기술의 주요 개념들이 만들어졌다.

　무선전파를 이용해 교신하는 것은 현대 전쟁에서 빼놓을 수 없는 기술이었다. 1차대전에서 단순한 무선 교신이 사용됐다면, 2차대전에선 무선을 이용한 전화 통화가 광범위하게 이용됐다. 라디오 기술의 보급과 함께 무선으로 음성을 주고받는 것이 가능해진 것이다. 하지만 전파는 적군이 신호를 가로채서 들을 수 있다는 점을 항상 염두에 둬야 했다. 앞에서 말한 것처럼 민감한 군사정보는 모두 암호를 사용할 수밖에 없었다. 지명이나 시간, 공격 방식 등 모든 것들을 암호화하면, 도청을 당하더라도 적군이 무슨 내용인지 알아챌 수 없으니 안전해지는 것이다. 그런데 만약 무선으로 통화를 주고받는 사람이 미국 대통령과 영국의 수상이라면 어떨까. 이들에게 암호 코드가 담긴 책자를 주면서 '부엉이' '올빼미' '두더지' 이런 말을 넣어서 통화하라고 할 수는 없는 일이다.

　2차대전 기간에 실제로 이런 문제가 대두되었다. 미국과 영국의 국방부는 루스벨트 대통령과 처칠 수상의 교신을 위해 전파로 전달되는 음성신호를 알아들을 수 없는 형태의 신호로 만들어서 전송하고, 수신하는 쪽에서 이를 특정한 규칙에 따라 다시 재조합하는 기술의 개발에 착수했다. 이때 사용한 방법은 음성신호를 무수히 잘게 쪼개 '0'과 '1'로만 표시해서 전송하는 방법이었다. 모든 것을 이 두 개의 숫자로만 표시하는 디지털 기술이 나온 것이다. 앨런 튜링은 여기에도 등장한다. 2차대전 시기 영국의 앨런 튜링과 미국 벨 연구소의 A. B. 클라크는 보안이 유지되는 통신수단을 확보하기 위한 프로젝트 'SIGSALY'를 진행했다. 양국 수뇌부가 수시로 통화하려면 이는 반드시 필요한 기술이었다. SIGSALY는 2만분의 1초 단위로 음파의 진폭과 주파수를 포착해서 기록했는데, 이 정보를 숫자로, 그것도 0과 1만을 사용하는 이진법 언어로 바꿔서 저장한 뒤 이를 전송했다. 다시 말해, 아날로그가 아니라 디지털 언어로 만들어버린 것이었다. 이는 정보의 표본을 뽑아서(샘플링) 잘게 자르고 0과 1로 명확하게 나타낸 다음, 조작하고 재정리하기 쉬운 방식으로 포장하는 것이었다. 이렇게 하면 정보를 거의 잃어버리지 않은 상태로 먼 거리까지 보내는 것이 가능했다. 신호를 도청해봐야 전통적인 아날로그 신호를 재생하는 기기에서는 잡음밖에 들리지 않았다.[11]

이렇게 이진법으로 만든 정보의 단위에 '비트'라는 이름을 붙인 것은 벨 연구소의 수학자 클로드 섀넌이었다. 섀넌은 메시지에 담긴 정보의 양을 측정하는 단위가 있으면 정보를 측정하고 관리하는 데 편리하리라 생각했다. 그는 벨 연구소 동료인 존 터키가 2진 숫자(binary digit)를 비트(bit)라고 줄여서 부르는 것에 착안해 그 단위를 비트라고 부르기 시작했다. 이제 디지털로 전환된 메시지는 그 내용에 관계없이 비트라는 단위로 측정되고 표시될 수 있었다.

섀넌은 모든 의사소통을 정보의 측면에서 바라볼 수 있다고 봤다. 이것이 바로 그의 '정보이론'이다. 즉 모든 의사소통을 정보로 본다면, 이 정보는 비트 단위로 측정할 수 있고, 측정 가능한 비트로 구성된 정보는 디지털 방식으로 볼 수 있다는 것이다.[12] 어떤 이들은 이 정보이론 논문을 아인슈타인의 상대성이론에 필적할 만한 것으로 보기도 했다. 2차대전이 끝나갈 무렵, 섀넌이 의사소통을 규정한 정보이론과 앨런 튜링이 만들어낸 계산하는 기계, 그리고 그가 벨 연구소와 공동으로 개발한 이진법 암호화 기술이 결합하면서 거대한 디지털 세계가 등장하고 있었다.

1943년 7월, 벨 연구소의 기술 지원을 받아 미국 육군이 개발한 디지털 암호 통신 기술 SIGSALY가 펜타곤과 런던 간의 전화 통화 작전을 개시했다. 당시 벨 연구소 사장이었던 올리버 E. 버클리는 "앞으로 광범위한 분야에 영향을 미칠 새로운 방법의 전화 송신을 실질적으로 적용한 최초의 사례"라고 평가했다. 그는 디지털 전송 방식이 향후 모든 통신에 적용되리라는 것을 정확하게 알고 있었던 것이다. 오늘날의 음원 공유 서비스나 스트리밍 서비스의 기술적 뿌리는 바로 이 SIGSALY였다고 할 수 있다. 1943년 7월 디지털로 변조된 전화 음성신호가 대서양을 건넌 그 순간이 바로 디지털 세계의 탄생일이었다.[13]

에디슨이 축음기와 사진술을 발명하던 시대부터 이미 우리는 감각 세계를 재생 기계에 의존하는 시대로 넘어왔지만, 그래도 한동안은 아날로그적인 수준에 머물러 있었다. LP판은 스피커 없이 바늘만 걸어놓고 회전시켜도 희미하게 소리가 흘러나온다. 반면 디지털의 시대로 진입하면서부터는 정보이론에 따라 완벽하게 코드화되어 우리의 감각이 미칠 수 없는 세계로 들어가버린 것이다.

컴퓨터는 원래 사람을 지칭하던 단어

앞서 언급했지만, 앨런 튜링이 독일군의 암호 생성기 에니그마 머신에 대항해 개발한 '튜링 기계'는 사실 거대한 계산기였다. 당시 이 계산기는 '머신'이라고 불렸다. 이런 종류의 기계가 컴퓨터로 불리기까지는 기계의 성능이 인간보다 뛰어나다는 것을 증명하는 과정이 필요했다. 영화 〈히든 피겨스〉에는 미국항공우주국(NASA)에서 달에 우주인을 보내는 계획을 실현하기 위해 기술을 개발하던 시절, 우주선의 궤도를 계산하기 위해 IBM에서 대형 계산기를 처음으로 들여놓는 장면이 나온다. 그런데 당시 IBM에서 구입한 제품은 포트란 언어를 사용할 줄 알아야 다룰 수 있었고, 크기도 사무실 하나를 가득 채울 정도였다. 영화에서도 NASA 직원들이 이 기계를 컴퓨터라고 부르지 않고 '머신'이라고 부르는 장면이 나온다. IBM이라는 회사의 원래 이름이 '인터내셔널 비즈니스 머신(International Business Machine)'이었음을 감안하면 이상할 것은 전혀 없다.

영화에서 하나 눈에 띄는 것은, NASA의 엔지니어들이 여성 수학자들을 '컴퓨터'라고 부른다는 점이다. NASA에는 아예 '컴퓨터

룸'이 별도로 있었는데, 여기에선 수학자들이 모여 하루 종일 복잡한 계산을 하고 있었다. 어떤 때는 수십 명이 달려들어 매우 빠른 속도로 고차방정식 계산을 수행하기도 했다.

2차대전 때도 마찬가지였다. 미국과 독일로서는 적이 쏘아 올린 미사일의 궤적을 추적하는 것이 군사 전략상 매우 중요한 일이었다. 기계식 계산 장치가 있었지만 여러모로 못 믿을 것이었다. 그래서 미군은 사람이 직접 계산하는 길을 택했다. 계산은 매우 복잡하고 어려웠기 때문에 전문 수학자들이 해야 했다. 더구나 계산이 틀리면 수많은 사람이 목숨을 잃을 수 있었다.

미군은 전쟁 초창기에 진공관 수만 개가 들어간 어마어마한 크기의 계산 기계를 사용했다. 앨런 튜링의 계산기처럼 적의 암호를 빠른 시간 안에 풀어낼 수 있는 기계도 있었다. 당시 대륙간탄도미사일에 근접한 장거리미사일을 개발했던 독일, 미국, 영국에서는 탄도 측정을 위해 정확한 계산이 필수였다. 하지만 전쟁이 벌어진 상황에서 이 기계는 영 못 미더운 물건이었다. 진공관 하나만 꺼져도 계산이 불가능했고, 기계는 언제든 고장날 수 있었다. 그래서 미군은 고등교육을 받은 여성 1000명을 모집해 한꺼번에 같은 내용을 계산하도록 했다. 1000명이나 되는 사람이 필요했던 것은, 계산 실수 가능성에 대비해 같은 계산을 적어도 다섯 팀 이상에게 나눠 맡겨야 했기 때문이라고 한다. 당시 이 계산에 동원된 사람들을 '컴퓨터'라고 부른 것이 시작이었다. 처음에는 계산하는 '사람'을 지칭하던 컴퓨터라는 단어가, 나중에는 그 역할을 대신하는 기계를 지칭하게 된 것이다. 진공관으로 만든 최초의 컴퓨터인 에니악이 수행한 첫 과제도 수소폭탄을 개발하기 위한 복잡한 계산이었다.[14] 컴퓨터는 그러니까, 계산기로서 개발된 것이 맞다. 군비경쟁이 낳은 또 다른 아이러니가 바로 컴퓨터 산업이라고 할 수 있다.

최근 외신에는 아폴로 우주선을 쏘아 올릴 당시 NASA에 '컴퓨터'로 입사했던 여성 연구원 이야기가 소개됐다. 이미 80대에 접어든 수전 핀리는 NASA가 공식 출범하기도 전인 1958년 제트추진연구소에 입사했다. 대학에서 건축학과 수학을 전공한 그의 업무가 바로 컴퓨터, 즉 인간 계산기였다. 하지만 세상은 순식간에 바뀌어, 그가 출산과 육아 때문에 6년간 NASA를 떠났다가 1969년에 복귀했더니 이미 컴퓨터가 사용되고 있었고, 이후 그는 컴퓨터 언어를 익혀 프로그래머가 됐다. 핀리는 2016년 「뉴욕타임스」 인터뷰에서 "프로그래머가 되는 것이 컴퓨터가 되는 것보다 훨씬 재미있다"고 말하기도 했다. 이후 핀리는 심우주(深宇宙) 네트워크의 시험을 담당하는 기술자로 일하며 NASA 역사상 가장 오래 근무한 여성이 되었다. 화성이나 목성 등의 행성까지는 빛이나 전파가 오고 가는 데 시간이 걸리고, 방향을 정확하게 잡지 않으면 거기서 오는 신호를 놓칠 수도 있는데, 여기서 그의 역할은 먼 거리에 있는 우주 탐사선에 명령을 내리고 자료를 받을 수 있도록 연락을 유지하는 것이었다. 지금까지 오퍼튜니티, 스피리트, 패스파인더 등 숱한 우주 탐사선들이 핀리와 함께 임무를 마쳤다.

    통신 기술 중에는 군사적 목적에서 개발된 것이 많다. 인터넷도 원래 냉전 시대에 소련의 공격에 대비하여, 핵심 정보를 안전하고 빠르게 분산해 보호하기 위해 미국에서 개발됐다. 1960년대 소련과 미국의 위성 경쟁이 본격적으로 시작되면서 양국 간의 군사적 긴장감은 극에 달했다. 소련이 인공위성을 이용해 공격해 올 것이 염려스러웠던 미국 국방부는, 중앙 집중식으로 관리하던 정보를 위기 상황에서도 안전하게 보호하기 위한 방안으로 아르파넷(ARPAnet)을 만들었다. 이는 통신망을 통해 실시간으로 여러 곳에 정보를 보내는 기술로, 인터넷의 시초로 불리고 있다.

여성의 사회 진출은 전화 산업에서 시작

전화 산업은 여성의 사회 진출을 위한 돌파구 역할을 했다. 전화교환수라는 직종은 비슷한 시기에 나온 신기술인 타자기와 함께 여성들의 화이트칼라 노동시장 진출을 촉진했다. 미국 AT&T의 경우 1940년대 중반에 약 25만 명의 여성을 고용하고 있었다. 물론 처음부터 이 직종이 여성 전용으로 굳어진 것은 아니었다.

전화교환 업무는 1870년대에 처음 등장했을 때는 전보를 배달하던 10대 후반의 소년들이 주로 맡았다. 통신기업들은 아직 전화 사업에서 수익을 내지 못했기에 전화교환수들에게 고임금을 줄 수 없었다. 따라서 이들은 전보를 전하는 소년들에게 눈을 돌렸던 것인데, 바깥을 뛰어다니며 전보를 날랐던 소년들을 전화교환실에 잡아두는 것은 보통 일이 아니었다. 소년들은 거칠었고 짓궂은 장난도 마다하지 않았다. 전화교환은 의자에 진득하게 앉아 반복적으로 단순 작업을 하는 업무였다. 소년들은 자리를 자주 비웠고, 교환실에서 뒤

엉켜 노는 일이 허다했다. 친절하지도 않고 말투도 거친 젊은 남성들에게 초기 전화 이용자들의 상당수는 불편함을 느꼈다.

　이런 사유로 이 직종의 종사자들은 순식간에 여성들로 대체됐다. 당시의 여성들은 10대 소년들 못지않게 낮은 임금을 받고 있었다. 상당한 수준의 교육을 받았지만, 직업의 세계에 아직 번듯한 자리가 마련되어 있지 않았다. 이런 상황에서 전화교환 업무는 이들이 직업의 세계로 진출할 수 있는 교두보가 되었다. 이는 전 세계 거의 모든 나라에서 전화 시스템 도입 초기에 벌어진 일이기도 했다.

　전화교환 업무가 쉬웠다는 말은 아니다. 전화교환은 상당한 신체적 훈련과, 요즘으로 치면 서비스 교육이 필요한 일이었다. 교환수는 오랜 시간 머리에 헤드셋을 쓴 채 고객들의 다양한 억양과 목소리를 빠르게 구분해야 했다. 때로는 화를 내고 소리를 지르는 고객들도 상대하며 정중하게 안내 업무를 해야 했다. 요즘 '감정노동'의 선구자가 바로 전화교환수들이었던 셈이다.

이는 결코 쉬운 일이 아니었다. 저임금을 감수해야 했고, 승진도 제한됐다. 하지만 여성에게 처음으로 열린 기회였기에 끊임없이 지원자가 몰렸다. 당시 자료에 따르면 전화교환수는 사회적으로 각광받는 첨단 업종이자 화이트칼라 직종으로 받아들여졌다. 블루칼라인 공장 근로자보다는, 교사나 회계사 같은 직종과 유사한 이미지로 인식되었던 것이다. 전화회사들은 채용 과정에서 젊은 미혼 여성들을 선호했고, 이는 종종 여성운동가들의 불만을 사기도 했다. 실제로 18세에서 25세 사이 여성들이 가장 많이 전화교환 업무에 종사했다. 인기가 많다 보니 채용 조건도 까다로웠다. 고졸 이상의 학력이 요구되었고, 당연히 백인이어야 했고, 이민자 가정 출신이 아니어야 했다. 이 때문에 차별 논란에도 불구하고 여성들 사이에서 전화교환수는 상당히 높은 위상을 가진 직업으로 받아들여졌다.

한국의 상황도 다르지 않았다. 전화 서비스가 보급되기 시작하던 구한말, 전화교환수는 신여성들에게 선망의 직업이었다. 전화교환수는 여성이 선택할 수 있는 몇 안 되는 직업 중 하나였다. 조선의 마지막 황태자 의친왕의 후궁도 창덕궁 전화교환수였다는 사실은 유명하다.

애초에는 상투를 틀고 수염을 기른 남자들이 전화교환수로 근무했다. 하지만 1920년대 전화기의 보급이 증가하자 여성 전화교환수가 등장하기 시작했다. 1930년대에 이르면 경성의 중앙전화국과 광화문 분국, 그리고 용산 분국에 근무하는 여성 전화교환수만 400여 명에 달했다고 한다. 꼬박꼬박 지급되는 월급과 승진 기회, 신변 보호까지 받을 수 있었다. 그러나 여성을 하대하는 풍토 때문에 여성 전화교환수는 '할로걸'이라고 불리기도 했다. 전화교환대의 높이 때문에 키가 작으면 채용이 안 되기도 했다.

여성 교환수들은 1940년대로 들어오면서 실직 위기에 내몰린다. 이즈음 조선에도 자동식 전화교환기가 등장하기 시작한 것이다. 기계식(스트로저식) 자동교환기는 1935년 3월에 처음으로 들어섰다. 이 해에 경성 중앙전화국에 근무하던 전화교환수 100명이 일시에 퇴직하면서 큰 사회문제가 되기도 했다. 요즘으로 치면 정리해고를 당한 셈이다.

한편 1970년대에 들어와 전자식 전화교환기를 도입하기로 하고, 1979년 12월 영동전화국과 당산전화국에 처음으로 전자교환기가 설치됐다. 전자교환기 도입으로 1970년대 이후 계속된 전화 연결 적체를 해소하면서 전화기를 대량으로 공급할 수 있게 됐다. 전화를 신청해놓고 한참을 기다려야 겨우 설치할 수 있었던 시대를 벗어나게 된 것이다. 그 결과 1980년대 들어 급속도로 전화가 보급되기 시작한다.

chapter 5

이동전화화하는 인간

모스의 전신에서 잡스의 아이폰까지

"인간은 이동전화화하고 있다. (중략) 이동전화를 갖지 않은 사람은 자신의 존재를 세상에 등록하지 않은 것처럼 느끼게 되었다."[1]

아직 스마트폰이 등장하기 전, 휴대전화가 본격적으로 보급된 지 10년쯤 되었던 시절, 영국의 문화평론가이자 교수인 조지 마이어슨은 『하이데거, 하버마스, 그리고 이동전화』에서 이렇게 표현했다. 그는 이동전화가 우리 존재에 연결된 기기이자, 사회적 커뮤니케이션이 이뤄지는 수단이라는 것을 간파했다. 다소 거창해 보이지만, 휴대전화가 우리 삶에 어떤 영향을 미치는지를 설명하면서 '존재와 시간'의 하이데거와 '공론장이론'의 하버마스까지 끌어들인 이유다. 이는 결코 과장되거나 호들갑스러운 말이 아닌데, 우리가 스마트폰을 어떻게 사용하는지만 봐도 금방 알 수 있다. 스마트폰이야말로 지극히 개인적인 기기이자 동시에 사회적 연결을 가능케 해주는 수단 아닌가. 당장 옆 사람의 스마트폰을 가져와 그 사용 환경을 살펴보라. 같은 기종의 기기를 쓰더라도 어떤 앱을 깔았는지, 무엇을 첫 화면에 배치했는지에 따라 사용 환경이 전혀 달라진다는 것을 알 수 있다. 한 사람 한 사람의 매우 사적인 공간이 바로 스마트폰이다. 스마트폰은 이전에 나왔던 통신 기기들, TV, 라디오, 컴퓨터와 관련된 모든 속성을 손바닥만 한 기기 안으로 빨아들였다. 이제 착용형(웨어러블) 기기까지 등장하면 인간 자체가 이동전화가 되고 있다는 말을 부정하기 힘들 것이다.

모스의 전신 산업에서 시작된 정보통신 산업은 TV와 라디오, 유선전화, 이동전화를 거쳐 스마트폰까지 진화해왔다. 이 모든 변화가 불과 150여 년 사이에 벌어졌다. 마이크로 칩에 저장할 수 있는 데이터의 양이 18개월마다 2배씩 증가한다는 '무어의 법칙'은 반도체 기술 발전의 속도뿐만 아니라 현대적 삶의 속도를 규정하는 법칙이 되었다. 불과 10년 전 데스크톱에서나 가능했던 수준의 데이터 처리가 지금은 손바닥 안에 쏙 들어가는 스마트폰에서도 가능해졌다. 이제는 어린아이들까지 손에 인공지능을 갖춘 소형 컴퓨터를 하나씩 들고 다닌다. 지금 AI의 정보 처리나 음성인식의 수준은 어린아이와 비슷하지만, 아마도 AI 기술은 어린이의 지적 성장 속도보다 훨씬 빠르게 진보할 것이다.

통신 네트워크도 빠르게 진화해왔다. 처음 전기신호가 대서양을 가로지를 때 깊은 바다 속에 잠긴 구리선 다발을 통해 10분간 단어 1개를 겨우 보내는 수준에 불과했던 통신 속도는, 무선이 보급되면서 이제 0.7초 만에 전 세계를 한 바퀴 돌 만큼 빨라졌다. 지금까지 방송과 통신, 컴퓨터로 나뉘어 발전해온 서비스는 스마트폰이라는 하나의 기기로 점점 수렴하고 있다. 몸에 걸칠 수 있는 착용형 컴퓨터를 넘어 생체 이식형 컴퓨터의 가능성도 점쳐진다. 이번 장에선 현대의 정보통신 기술들이 결국은 우리가 앞서 확인한 '작은 시작'들에서 비롯되었음을 살펴보고자 한다.

아이폰, 전화 산업을 바꾸다

"애플은 전화를 다시 발명했습니다(Today, Apple is going to reinvent the phone)."

지금은 고인이 된 스티브 잡스가 2007년 1월 9일 미국 샌프란시스코 모스콘센터 무대에서 처음으로 아이폰을 공개하면서 한 말이다. 이는 일종의 '선언'이었다. 그는 의도적으로, 매우 세심하게 고려해서 '재발명(reinvent)'이라는 말을 선택했을 것이다. 바로 이 한 마디를 통해 그는 모스와 벨, 마르코니와 대등한 반열의 인물로 스스로를 격상시켰다. 하지만 이는 결코 허세가 아니었다. 아이폰이 등장한 이후 전화 산업은 그가 예언했던 대로 통째로 바뀌었다. 손에 들고 다니는 전화기는 통화와 미디어 재생, 인터넷 접속 등 모든 것을 한꺼번에 제공하는 기기로 바뀌었고, 통신 사업자가 제공할 수 있는 서비스의 종류도 이전과 비교할 수 없을 정도로 다양해졌다.

잡스는 아이폰을 소개하면서, 1984년 애플이 PC를 출시하면서 컴퓨터 산업을 바꿔놓았고, 2001년에는 아이팟을 통해 음악을 듣는 방식이 아니라 음반 산업 자체를 바꿔놓았다고 스스로 선언했다. 이는 전화 산업의 격변을 예고하는 말이기도 했다. 요즘 AT&T나 한국의 KT, SK텔레콤 같은 통신사들은 더 이상 통신 네트워크만 제공하는 데 머물지 않는다. 이들은 미디어 서비스에서부터 사물인터넷(IoT: Internet of Things) 기술을 이용한 건강, 보안, 에너지 분야 사업 등 삶의 거의 모든 영역으로 진출하고 있다. 사물인터넷은 유무선 인터넷을 기반으로 모든 사물을 연결해 사람과 사물, 사물과 사물 간의 정보를 소통하는 지능형 기술 및 서비스를 말한다. 미국의 AT&T는 미디어 공룡 타임워너에 대한 인수·합병을 발표했다. 미국 트럼프 정부는 AT&T가 독점 전화 사업자였을 때처럼 또다시 막강한 힘을 갖게 될 것을 우려하여, 타임워너를 인수하되 CNN을 떼어놓으라고 요구하며 실랑이를 벌였다. AT&T가 굳이 CNN을 가져가지 않는다고 하더라도, 디즈니에 이어 세계 2위 콘텐츠 기업인 타임워너가 가진 모든 영화, 드라마, 애니메이션을 통신 네트워크 사업자인 AT&T가 책임지게 되는 것이다.

이 작은 전화기 한 대로 인해 어떻게 이 모든 변화가 가능해졌을까. 이는 스마트폰 하나만으로 통화에서 인터넷 접속까지 거의 모든 정보통신 서비스를 손쉽게 이용할 수 있게 되면서 생긴 일이다. 사람들은 영화를 보러 극장에 가지 않아도 되고, 뉴스를 신문이나 TV로 보지 않아도 된다. 팟캐스트에서 유튜브, 넷플릭스까지 거의 모든 콘텐츠 서비스가 손안에 들어오는 기기 하나로 가능해진 것이다. 애플이 만든 전화기는 이전까지 존재했던 어떤 전화기와도 달랐다. 기술적으로도 아이폰은 주파수 대역이 다른 다섯 개의 무선통신 장치와 강력한 정보처리 능력(모바일 프로세서), 고용량 램(RAM), 기가바이트급 대용량 플래시메모리(저장 장치)를 합친, 이전까지 존재하지 않았던 기기다. 과거의 PC가 손안으로 들어온 것과 마찬가지다.

　　잡스는 첫 아이폰을 발표할 때 검은색 터틀넥 스웨터에 청바지 차림으로 무대 위에서 "우리는 하나의 기기 안에 최고의 미디어 플레이어, 세계 최고의 전화기, 그리고 인터넷에 접속하는 세계 최고의 방식을 다 구현했다"고 말했다. 당시를 기록한 유튜브 영상을 보면, 처음 아이폰을 세상에 선보이는 자리에 참석한 청중이 잡스의 이 말에 잠시 머뭇거리는 모습을 볼 수 있다. 당대의 전문가들조차 잡스의 말을 순간적으로 이해하지 못한 것이다. 지금은 누구나 자연스럽게 터치를 하고, 일곱 살짜리도 손안에서 장난감처럼 갖고 노는 이 기기를, 불과 10여 년 전 휴대전화에 익숙했던 사람들조차 직관적으로 이해하지 못했던 것이다. 앞선 장들을 통해 통신과 방송, 인터넷이 애초에 한 뿌리에서 시작됐다는 것을 이야기했다. 하지만 모토로라와 노키아로 대표되는 휴대전화 제품의 최전성기를 보내고 있던 그 시절에도 사람들은 전화를 통화 수단으로만 인식하고 있었다. 반면, 스티브 잡스는 산업의 패러다임이 바뀌고 있는 것을 알았다. 그가 천재적이라 평가되는 것은 이처럼 한 산업의 본질을 꿰뚫어 보는 능력 때문이다.

통신망의 진화가 불러온 스마트폰 시대

스마트폰이 등장할 수 있었던 것은 기기의 발전도 중요했지만, 통신사들이 막대한 투자를 통해 정보의 전달 속도와 양을 엄청나게 늘렸기 때문이다. 아이폰이 미국에서 처음 등장했을 때 애플은 AT&T와 독점적으로 기기 공급 계약을 맺었다. AT&T의 이동통신 서비스에 가입한 이들만 아이폰을 구입할 수 있었던 것이다. 휴대전화는 단순히 통화와 메시지를 전달하던 수준을 넘어 막대한 양의 정보를 전송해야 했기 때문에 안정적인 통신 네트워크가 반드시 필요했다. AT&T는 아이폰 출시를 앞두고 사전에 통신 설비의 용량을 늘려 초기 아이폰 이용자들을 독점했다. 이처럼 통신 사업자들은 이동전화 기술이 세대를 바꿔가며 진화할 때마다 그에 맞는 전송 능력을 갖추어왔다.

1세대에서 시작한 통신 기술은 현재 5세대로 도약을 앞두고 있다. 4세대 이동통신 기술을 뜻하는 LTE(Long Term Evolution)는 스마트폰의 속도와 용량을 획기적으로 높여서 동영상 서비스까지 원활하게 제공하는 것이 특징이다. LTE 기술은 이론상 초당 750메가비트(Mb)를 전송할 수 있다. 참고로 1Mbps(bps는 초당 전송량을 뜻함)는 1초에 A4 용지 약 90장 분량의 데이터를 보낼 수 있는 속도를 의미한다. LTE는 그러니까 1초에 A4 용지 6만 7500장 분량의 정보를 전송할 수 있다. LTE 주파수의 경우 한 주파수 대역에서 보통 100~200Mbps의 속도를 낼 수 있고, 스마트폰에선 이 주파수 2~3개를 묶어 평균적으로 초당 450~500Mbps 속도를 낸다. 이 정도 속도에선 고화질 영화 한 편을 다운로드하는 데 10~20초면 충분하다.

　흔히 우리가 1세대 이동통신이라고 부르는 시절의 이동통신 기기의 전송 속도는 고작 15킬로비트 정도로, 음성만 주고받을 수 있었다. 1990년대 중반 이후 2세대 이동통신 시대가 되어 통신 속도가 초당 144킬로비트 수준까지 확보되고 난 이후 음성에 문자메시지까지 주고받을 수 있었다. 그리고 3세대에 이르러 느린 속도로나마 인터넷 접속이 가능해졌고, 이어서 4세대(LTE)로 넘어왔다. 2020년 이후 본격화되는 통신 기술은 여기서 다시 한 걸음 더 진화해 5세대(5G) 이동통신 기술로 불린다.

　이 모든 것이 가능한 것은 정보의 양과 속도를 감당하기 위해 막대한 규모로 통신망 증설이 이뤄졌기 때문이다. 인터넷 등장 이전과는 비교할 수도 없을 정도다. 미국과 유럽 대륙을 잇는 대서양 횡단 해저케이블만 하더라도 1956년에 들어서야 겨우 24회선 규모로 설치되었다. 2차대전이 끝난 지 얼마 되지 않았던 시절, 전화는 꽤 보급되어 있었지만 국제전화의 수요는 많지 않았다. 24회선만으로도 큰 불편 없이 통화할 수 있었기에 굳이 막대한 비용을 들여가며 해저케이블을 증설할 이유가 없었다. 반면, 지금은 태평양과 대서양은 물론이고 주요 대륙을 연결하기 위한 해저케이블 증설 작업이 끊임없이 이뤄지고 있다. 그것도 구리선이 아니라 정보 손실이 거의 없는 광케이블이 바다 밑바닥에 깔리고 있다. 한국도 KT 자회사인 KT서브마린이라는 회사가 태평양 바다를 돌아다니면서 이 해저케이블을 깔고 보수하고 있다. 우리가 한국에 앉아서 미국 웹사이트에 편안하게 접속할 수 있는 것은 이 때문이다. 인터넷의 본질은 바로 이 물리적인 망이기도 하다. 우리는 손에 스마트폰을 들고 무선으로 인터넷을 이용하고 있지만, 이는 기지국과 스마트폰이 무선으로 연결되는 단계에 해당하는 것이고 실제 대부분의 정보는 유선을 통해 오간다. 이 네트워크가 무너지면 연결은 불가능하다. 그만큼 망이 중요한 것이다. 지금은 민간 사업자들이 많아졌지만, 불과 얼마 전까지만 해도 세계 각국이 전화를 독점 사업으로 유지해온 것은 네트워크라는 희귀한 자원을 국가가 분배하는 것이 공정하고 효율적이라고 봤기 때문이다. 알렉산더 그레이엄 벨이 만든 회사 AT&T가 창사 이래 1980년대까지 독점을 유지해온 논리도 이와 크게 다르지 않았다.

AT&T를 해킹했던 소년, 전화 산업을 바꾸다

아이폰과 매킨토시 컴퓨터를 만든 스티브 잡스가 맨 처음 벌였던 일은, 미국 최대 전화회사 AT&T의 시외전화 시스템을 해킹해 이용자들이 값싸게 시외전화를 이용할 수 있게 만드는 사업이었다. 물론 불법이었다. 이는 많은 점을 시사한다.

이 일화는 잡스가 아직 고등학생이고 워즈니악이 막 대학 신입생이었던 1971년 가을, 워즈니악이 잡지 「에스콰이어」에 난 기사를 읽으면서 시작된다. 프리커(전화를 도용하거나 불법적으로 이용하는 사람)에 관한 기사였다. 어떤 젊은이들이 AT&T 네트워크의 신호를 복제하는 방법으로 장거리전화를 공짜로 이용하고 있다는 내용이었다.

워즈니악은 자신이 매우 흥미롭게 읽은 이 기사의 내용을 잡스에게 들려준다. 한 해커가 시리얼을 구입할 때 딸려온 사은품 호각에서 나는 소리가 전화회사 네트워크의 신호 전달 스위치가 이용하는 2600헤르츠 신호와 동일하다는 것을 발견했다. 그는 이를 활용해 시스템을 속여 장거리전화를 추가 요금 없이 쓸 수 있었다. 이 기사에는, 전화를 연결하는 단일 주파수 역할을 하는 다른 신호들도 「벨 시스템 테크니컬 저널」이라는 전문 잡지에 우연히 소개된 적이 있는데, 뒤늦게 이 사실을 안 AT&T가 전국 주요 도서관에 이 잡지를 치워달라고 요청했다는 내용도 소개돼 있었다.

이 이야기를 듣자마자 잡스는 그 기술 잡지부터 확보했다. 동네 도서관을 뒤져 미처 치우지 못한 잡지를 어렵게 구했다. 두 사람은 전자 부품 상가를 찾아가 AT&T의 시스템을 속일 수 있는 신호 생성기를 만드는 데 필요한 부품들을 모조리 구입했다. 그러고는 단 며칠 만에 뚝딱거려서 '블루박스'라는 기기를 만들어냈다. 이는 불법으로 전화를 걸 수 있는 해킹 기기였다. 물론 벨 시스템이 전화 접속에 사용하는 주파수를 다 알고 있었기에 가능한 일이었다. 워즈니악이 당시 미국 국무장관이었던 헨리 키신저를 흉내 내면서 바티칸에 전화를 걸어 교황을 바꿔달라고 했다는 일화도 유명하다. 당시 워즈니악은 "지금 모스크바에서 정상회담을 진행 중이라 그러는데, 급하게 교황님과 대화를 나눠야 한다"고 했다. 물론 통화가 이뤄지지는 않았다. 두 사람은 이처럼 장난기가 많았다. 엉뚱하고 과감하고 뒤에 무슨 일이 벌어질지 생각하지 않는 이런 기질이 스티브 잡스라는 혁신가를 만든 것이 아닌가 싶다.

  잡스는 여기서 한 걸음 더 나아가 다른 제안을 한다. 이를 팔아보자고 한 것이다. 이때도 워즈니악은 제품을 개발하고 잡스는 전원공급장치와 키패드, 포장재 같은 것을 구입해 제품을 만들었다. 당시 이들이 개발한 제품의 크기는 트럼프 카드 약 두 벌을 합쳐놓은 정도의 크기였다. 원가는 40달러 정도였는데 잡스는 이를 150달러에 팔았다. 고가 정책으로 악명 높은 아이폰을 고려하면, 예나 지금이나 그는 폭리를 취한 셈이다. 두 사람은 100개 정도를 만들었고, 이를 다 팔았다. 두 사람의 첫 사업은 어느 레스토랑에서 권총을 든 강도에게 물건을 빼앗기고 난 뒤 중단된다. 두 사람의 일생에서 이 '사업'은 매우 중요한 사건이었다. 잡스 스스로 "블루박스가 없었다면 애플도 없었을 것"이라고 말하곤 했다. 잡스는 그러니까 이미 청소년 시절부터 기술을 이해하는 디자이너이자 마케터였던 셈이다.

이들은 기존 체제(시스템)를 무너뜨릴 용기를 갖고 있는 해커이기도 했다. 해커 정신으로 충만했기에 아이폰과 같은 혁신 제품을 내놓을 수 있었던 것이다. 스티브 잡스의 유명한 2005년 스탠포드 대학 졸업식 축사에 나오는 "스테이 헝그리, 스테이 풀리시(stay hungry, stay foolish: 늘 갈망하고, 늘 우직하게)"도 자신이 젊었을 때 본 유명한 해커 잡지에서 인용한 말이라고 한다. 이는 바로 해커들의 정신이었으며, 잡스는 평생 이 정신에 충실했다.

스티브 잡스가 맨 먼저 사업적으로 주목했던 기기가 통신 기기였다는 것은, 그가 돌고 돌아 결국에는 아이폰으로 갈 운명이었음을 예견하는 듯하다. 애플 설립에 이어 〈토이 스토리〉로 유명한 픽사를 설립해 콘텐츠 비즈니스를 벌였고, 이를 디즈니에 매각한 뒤 다시 애플로 돌아와 아이팟에 이어 아이폰을 내놓은 것은 마치 정해진 수순처럼 느껴진다. 그리고 이제 사람들에겐 스마트폰으로 음악을 듣고 영화를 보는 것이 가장 중요한 일과가 되었다.

빼놓을 수 없는 또 한 가지, 잡스는 '연결'의 비용을 줄이는 방향으로 자신의 아이디어와 제품을 발전시켜왔다. 일개 청소년이 간

블루박스
© Maksym Kozlenko

워즈니악과 잡스는 전자 부품 상가를 찾아가 AT&T의 시스템을 속일 수 있는 신호 생성기를 만드는 데 필요한 부품들을 모조리 구입했다. 그러고는 단 며칠 만에 뚝딱거려서 '블루박스'라는 기기를 만들어냈다. 이는 불법으로 전화를 걸 수 있는 해킹 기기였다. 잡스는 여기서 한 걸음 더 나아가 다른 제안을 한다. 이를 팔아보자고 한 것이다. 두 사람은 100개 정도를 만들었고, 이를 다 팔았다. 잡스 스스로 "블루박스가 없었다면 애플도 없었을 것"이라고 말하곤 했다. 잡스는 그러니까 이미 청소년 시절부터 기술을 이해하는 디자이너이자 마케터였던 셈이다.

단하게 시스템을 무너뜨리고 값싼 비용으로 시스템을 이용할 수 있는 판국에, AT&T 같은 대기업은 망을 깔아놓고 앉아서 돈을 받아먹는 사업에 안주하고 있었다. 해커 정신이 이를 무너뜨린 것이다. 인류의 역사는 크게 보면 이 '연결'에 들어가는 비용을 줄여온 과정이었다고도 할 수 있다. 스마트폰 덕분에 이제는 중국 오지나 아프리카의 사람들도 큰 비용을 들이지 않고 인터넷에 접속할 수 있게 됐고, 인류는 PC 때보다 훨씬 더 큰 변화를 맞이하고 있다.

전화가 바꿔놓은 미디어의 일상 풍경

휴대전화가 보급된 이후 통화나 문자메시지로 가장 많이 묻는 말이 "어디야?"라고 한다. 이는 약속 장소에서 만나기 위해 서로의 위치를 확인하는 것이다. 적어도 휴대전화가 등장한 이후, 약속을 잘못 알아 서로 못 만나서 헤어진 연인은 없을 것이다. 과거 다방이 약속 장소로 선호된 것도 전화를 이용할 수 있었기 때문이다. 약속 시간에 늦거나 못 가게 된 사람은 다방으로 전화를 걸어 상대방에게 사정을 알렸다. 요즘 스타벅스 같은 곳이 대호황인 것도 무료로 와이파이를 쓸 수 있기 때문이다. 이를 보면, 커피 사업의 본질은 커뮤니케이션이라는 점을 알 수 있다.

잠깐 개인적인 이야기를 하자면, 20년 전 신문사에서 신참 기자 시절 가장 많이 들었던 말 중 하나가 전화기 너머에서 들려오는 "기사 불러"라는 지시였다. 당시 기자들에게는 노트북이 지급되고 있었고, 기사를 다 쓰면 전화선 모뎀을 이용해 회사의 서버로 기사 파일을 전송했다. 갓 수습을 떼고 기삿거리를 찾아 경찰서 형사계와 수사계, 여성청소년계를 드나들던 필자는 왜 매번 기사를 '부르라'고 하는지 알 수가 없었다.

기자들이 노트북을 들고 다니기 전, 그러니까 컴퓨터를 이용한 신문 제작 시스템이 도입되기 전에 기자들은 원고지에 손으로 기사를 썼다. 신문 산업이란, 기자들이 종이에 원고를 써서 보내면 식자공들이 이를 보면서 일일이 활자를 뽑아 신문 기사와 같은 크기의 인쇄용 판형을 만들어 종이에 찍어내는 산업을 의미했다. 이는 구텐베르크가 인쇄기를 발명한 이래 수백 년 동안 바뀌지 않은 방식이었다.

하지만 종이에 쓴 원고를 넘기기 위해 모든 기자가 신문사에 들어올 수는 없는 노릇이었다. 취재를 위해 먼 지방에 있는 사람도 있었고, 해외에 나간 사람도 있었다. 앞서 이야기했듯이 이 '거리'를 사라지게 만들어준 것이 통신 기술이었다. 전화는 신문 기자들이 일하는 방식에도 변화를 가져왔는데, 전화만 연결된다면 어디에 있든 기사를 보낼 수 있었다. 자신이 글로 쓴 원고를 인간의 가장 원초적 정보 전달 수단인 '음성'으로 다시 읽어주는 것이다. 이를 누군가 받아서 적기만 하면 됐다. 전화 연결은 방송 뉴스에 있어서는 현장성과 속보성을 담보해줄 수 있는 요소였다. 이처럼 20세기 내내 전 세계의 신문과 방송 기자들은 전화를 걸어 자신이 쓴 기사를 '구술'했다. 뒤늦게 알게 된 사실이지만, 그 시절을 겪었던 고참 기자들 사이에선 그래서 기사를 '부르라'는 표현이 익숙했던 것이다.

요즘도 경찰서와 시군구청 등 관공서 기자실에 공중전화가 설치된 경우가 있다. 휴대전화가 보편화된 지 20년이 지났는데도 일부 기자실에는 여전히 공중전화가 남아 있는 것이다. 급한 사건이 터졌을 때 공중전화 앞에서 서로 다툼을 벌였을 선배 기자들을 생각하면 쓴웃음이 나기도 한다. 박종철 고문 치사 사건을 다룬 영화 〈1987〉에도 중요 발표를 들은 기자들이 공중전화를 먼저 차지하기 위해 달리기 경주를 벌이는 장면이 나온다.

1990년대 이후 이런 환경은 매우 빠른 속도로 바뀌기 시작한다. 1990년대 중반이 되자 기자를 포함해 많은 외근 사무직 직원들이 노트북에 모뎀 프로그램을 깔아 유선전화 회선으로 인터넷에 접속할 수 있게 되었다. 정보 검색이 무척 쉬워진 것이었다. 그리고 다시 4~5년이 지난 뒤에는 무선으로 인터넷에 연결할 수 있는 시대가 되었다. 여러 직군 중 기자들이 상대적으로 이른 시기에 첨단 정보통신 기기를 사용할 수 있었던 점은 정보통신 기술과 미디어가 밀접한 관계에 놓여 있음을 보여주는 것이기도 하다.

유명 저술가이자 「뉴욕타임스」의 칼럼니스트인 토머스 프리드먼도 『늦어서 고마워』라는 자신의 최근 저서에서, 1970년대 베이루트 특파원 시절 워싱턴 데스크에 기사를 '불러줬던' 이야기, 공중전화

앞에서 길게 줄을 서서 기다리다가 순서를 빼앗긴 이야기, 뒤이어 텔렉스와 팩스를 기사 전송에 이용하고, 그 후 모뎀과 인터넷으로 진화해온 이야기를 소개하고 있다. 전 세계 기자들은 이처럼 비슷한 시기에 비슷한 경험을 한 것이다.

스마트폰과 재스민혁명

앞서 라디오와 재즈의 보급, 그에 이은 흑인 인권운동 간의 관계를 잠시 살펴보았다. 이는 정보통신 기술이 콘텐츠를 실어 나르면서 이전과는 비교도 할 수 없을 정도로 빠른 속도로, 광범위한 대중에 동시에 영향을 미칠 수 있게 되면서 생긴 변화다. 라디오와 재즈의 유행이 흑인 인권운동의 기폭제가 되었다는 사실은 누구도 부정하지 않는다. 이처럼 새로운 미디어 기기가 등장하면 인간의 사고방식이나 정치적 의견 표출의 방식에도 큰 변화가 오게 된다.

스마트폰은 어떤 변화를 초래했을까. 스마트폰을 통해 촉발된 가장 큰 정치적 사건으로, 북아프리카 이슬람권에 불어닥친 재스민혁명을 꼽을 수 있다. 재스민혁명은 2010~2011년 독재 정권에 반대해 튀니지에서 전국적으로 벌어진 민중혁명으로, 튀니지에서 흔히 볼 수 있는 꽃의 이름을 따 서방 언론이 붙인 명칭이다. 튀니지에서 시작된 반독재 움직임은 리비아와 이집트를 넘어 북아프리카와 중동 전역으로 퍼져나가게 된다.

아프리카와 중동의 권위주의 정권은 대중매체를 손에 쥐고 정보를 조작함으로써 대중의 눈과 귀를 가렸다. 하지만 이들 국가에도 스마트폰이 보급되면서 예상치 못한 일이 벌어졌다. 트위터와 페이스북 같은 소셜미디어를 이용해 대중이 자신들의 이야기를 직접 알리기 시작한 것이다. 매스미디어를 장악한 권력의 힘이 도달하지 못하는 곳에서 엄청난 여론을 만들어낼 수 있는 에너지가 쌓이기 시작했다.

시위는 2010년 12월 남동부 지방 도시인 시디 부지드의 거리에서 무허가 노점상을 하던 한 청년의 죽음이 계기가 되었다. 대학을 졸업하고도 취직을 못 해 노점상을 하던 20대 청년이 경찰의 단속에 항의해 분신자살을 했고, 이러한 사연은 청년층의 분노를 촉발했다. 여기에 극심한 생활고와 장기 집권으로 인한 억압 통치, 집권층의 부정부패 등 현 정권에 대한 불만이 쌓여 있던 시민들이 합세하면서 독재 타도를 외치는 전국적인 민주화 시위로 확산됐다. 당시 튀니지 대통령이었던 지네 엘아비디네 벤 알리는 결국 2011년 1월 14일 사우디아라비아로 망명했다. 튀니지혁명은 아프리카 및 아랍권에서 쿠데타가 아닌 민중 봉기로 독재 정권을 무너뜨린 첫 사례가 되었다. 또한 인근 이집트를 비롯해 알제리, 예멘, 요르단, 시리아, 이라크, 쿠웨이트 등 독재 정권에 시달리던 아프리카 및 아랍 국가로 민주 시위가 점차 확산되는 계기를 만들었다. 수십 년간 정보가 통제돼 있던 이들 국가에서 정보가 퍼져나가는 데는 스마트폰이 큰 역할을 했다. 이뿐만이 아니었다. 이들의 소식이 해외로 퍼져나가는 데에도 스마트폰은 결정적인 역할을 했다. 당시 이들 국가에 있던 서양인들은 스마트폰의 페이스북과 트위터 앱을 이용해 시위 상황을 실시간으로 전 세계에 알렸다. 덕분에 이들 국가 내의 소요 사태로 그쳤을 수도 있는 사건들이 국제적인 관심을 끌었고, 독재자들이 마음대로 시위대를 진압할 수 없는 상황을 만들었다.

이는 무선통신이 인류사에 처음 등장했을 때의 모습을 연상시킨다. 아마추어 무선사들은 취미로 전파를 이용해 서로 대화하고 때때로 수다쟁이처럼 다른 지역의 소식을 퍼뜨리기도 했다. 여기에는 아무런 중심이 없었고, 같은 네트워크상에 있는 사람들끼리의 '잡담'과 같은 형태를 띠었다. 하지만 무선통신 기술이 라디오와 TV를 중심으로 먼저 힘을 얻으면서 상황이 달라졌다. 쌍방향성이 사라져버린 것이다. 대신 브로드캐스팅, 즉 방송이 미디어의 핵심으로 자리 잡게 된다. 전 세계 권위주의 정부는 중앙 통제가 손쉬운 방송을 장악해 자신들의 정권을 유지하는 수단으로 삼았다. 반면 개인 간 자유로운 통신에 대해서는 철저히 통제하는 정책을 폈다. 하지만 스마트폰이 등장하면서 순식간에 개인들의 쌍방향 커뮤니케이션이 다시 가능해졌다. 스마트폰의 초창기부터 등장한 트위터나 페이스북은 중앙 통제를 받지 않고도 수많은 사람들에게 개인의 목소리를 전파할 수 있는 막강한 힘을 갖고 있었다.

물론 소셜미디어의 한계도 분명히 존재한다. 이미 세계 각국의 권위주의 정부는 막대한 예산을 투입해 소셜미디어상의 여론을 관리하고 있다. 러시아 같은 나라의 경우 소셜미디어에 직접 개입해 여론을 조작하는 것으로도 유명하다. 러시아는 소셜미디어를 이용해 미국 대선에까지 개입했다.

새로운 매체의 등장이 새로운 형태의 정치 체제 등장과 밀접한 관련이 있다는 점은 신문이 등장한 이후 서구 사회에서 민주주의가 확대된 과정만 봐도 알 수 있다. TV, 라디오가 대중민주주의를 확대한 측면도 있지만, 한편 독재 국가에선 TV, 라디오가 손쉽게 여론 조작 수단으로 쓰였고 체제를 유지하는 데 사용됐다. 이후 인터넷이 등장하면서 정보의 자유로운 흐름이 확대됐다. 민주주의의 성격도 변화하고 새로운 형태의 정당들이 등장했다. 스마트폰의 보급은 이를 더욱 가속화했고, 여론 형성에 일반 대중이 참여하는 것은 매우 쉬워졌다. 동시에 부작용도 커지고 있다. 지난 2016년 미국 대통령 선거에서 트럼프 당선 과정에 큰 영향을 미친 가짜뉴스나 이를 통한 여론 조작이 대표적이다. 언제나 그렇듯 새로운 매체가 등장할 때는 하나의 큰 흐름에 대한 반작용도 나타나는 법이다. 서로 다른 방향에서 밀려오던 물결이 부딪쳐 새로운 파동을 만들어내듯 무수한 작용과 반작용이 영향을 주고받고 있다.

파이프라인에서 플랫폼으로

　스마트폰 등장 이후 뉴스 산업은 또다시 큰 변화를 겪고 있다. 기존의 신문, 방송을 유통시키던 모델은 점점 영향력을 잃어가고 있다. 이제는 세계 어느 나라를 가든지 모바일 앱이 대표적인 뉴스 전파 수단으로 자리 잡았다. 신문사나 방송사가 만든 뉴스조차도 종이 신문이나 TV로 보지 않고 각종 앱으로 보는 것이다.

　19세기 이후 전성기를 맞은 신문이나 20세기에 등장한 TV, 라디오 방송은 자신들이 생산하는 뉴스에 대해 무한 책임을 졌다. 인터넷 검색을 통해 흩어진 정보의 파편들을 주워 모으는 것이 아니라, 자신들이 고용한 인력(기자)들을 통해 직접 비용을 들여 취재한 뉴스를 자체 배달망, 즉 신문 판매대와 가정 배달, TV나 라디오 채널을 통해 전달했다. 이는 일종의 '파이프라인' 시스템으로 뉴스 생산 주체들과 독자(시청자)들을 직접 연결하는 것이 특징이었다. 따라서 구독률이 높은 신문사와 시청률이 높은 방송사들일수록 여론 형성에 미치는 힘이 더 강한 것으로 간주되었다.

　인터넷이 등장하면서 이와는 다른 새로운 환경이 만들어졌다. 국내에선 네이버나 다음 같은 인터넷 포털이 PC 보급과 함께 영향력을 행사하기 시작했다. 이 포털과 같은 매체들을 '플랫폼'이라고 부르기 시작했다. 파이프라인을 통해 뉴스를 공급하는 것이 아니라, 사람들이 모이는 플랫폼(승강장)에 뉴스를 펼쳐놓으면 많은 사람들이 볼 수 있게 되는 것이다. 플랫폼에는 온갖 곳으로 안내하는 기차들이 모여 있다. 그중에서 마음에 드는 것을 골라 타면 된다. 많은 사람이 이용하는 플랫폼일수록 사람이 더 많이 모일 것이고, 더 많은 사람이 오갈수록 플랫폼의 영향력도 강해진다. 이러한 특성에 빗대어 '플랫폼 비즈니스'라고 부르는 사업 영역이 생겨났다.

초창기 네이버나 페이스북, 카카오톡 같은 서비스들은 매우 혁신적인 서비스로 받아들여져 사람들을 모았다. 무수한 콘텐츠와 기존에는 경험할 수 없던 편리함을 이용자에게 제공하면서도 단 한 푼의 비용도 받지 않았다. 일단 수천만~수억 명의 이용자가 모이자 이들은 이곳에서 뉴스를 비롯해 커머스(상거래) 등 다양한 비즈니스를 제공하기 시작했다. 물론 사업은 다른 사업자들이 들어와서 펼쳤다. 이는 정확하게 표현하자면, 이용자들을 판매하는 모델이라고 할 수 있다. 이들이 굳이 고객이라는 말 대신 '이용자'라는 말을 쓰는 것도 비즈니스의 원천이 바로 자신들의 서비스를 이용하는 사람이기 때문이다. 이용자는 영어로 유저(user)인데, 미국에는 '고객을 이용자라고 부르는 비즈니스 분야는 IT 업계와 마약 판매상밖에 없다'는 우스갯소리도 있다.

플랫폼이 등장하기 전 뉴스의 세계는 「뉴욕타임스」나 CNN 같은 매체들이 하나의 '중심' 역할을 했다. 하지만 플랫폼은 이런 중심을 없애버렸다. 여전히 강력한 브랜드 파워를 가진 뉴스 매체들이 영향력을 발휘하지만, 플랫폼의 영향력에는 미치지 못하는 수준이다.

이 플랫폼의 영향력은 그러나 정확하고 깊이 있는 내용이 아니라, 플랫폼을 이용하는 이용자의 머릿수로 증명된다. 즉 플랫폼에 올라가는 순간 개별적 파이프라인 공급자의 권위와 특징은 사라져버리고, 누구나 여러 뉴스 소스 중 하나로 전락한 채 '클릭 수' 경쟁을 벌여야 한다. 전통적인 신문 방송 사업자들에게 이는 심각한 추락이요 시쳇말로 체면이 손상되는 일이지만, 신생 매체들에는 더없이 좋은 기회다. 이는 순식간에 권위지나 막강한 방송사들과 동급으로 올라설 수 있는 기회가 되기도 한다. 종이와 배달망, TV 네트워크라는 수단이 없어도 누구나 손쉽게 뉴스를 만들어 유통할 수 있는 시대가 되면서 매체 수도 폭증하고 있다. 한국만 해도, 한국언론진흥재단 조사에 따르면 약 8000개의 인터넷 신문이 등록되어 있으며, 이들을 통해 하루 약 6만 건의 기사가 쏟아져 나온다.

  KBS나 「조선일보」와 같은 특정 브랜드가 제공하는 뉴스를 '구독'하는 행위와 달리, 플랫폼에선 스스로 뉴스를 '취사선택'해야 한다. 하루 수만 건씩 쏟아지는 뉴스에서 필요한 것을 걸러낼 수 있는 필터가 필요해진 것이다. 뉴스를 검색해볼 수도 있고, 특정 소셜미디어를 통해 접할 수도 있다. 필터는 그러나 중립적이지 않다. 이 과정에서 사람들이 점점 편향적인 뉴스에 노출되는 경향을 보인다. 소셜미디어라는 필터는 비슷한 취미나 정치적 성향, 직업, 학연 등을 가진 사람들을 친구로 맺어주는 기능을 갖고 있는데, 그 결과 비슷한 사람들이 끼리끼리 돌려 보는 뉴스에 더 많이 노출되는 효과가 나타난다.

예를 들어 전 세계에서 15억 명 이상의 가입자를 거느린 페이스북에는 지인 추천 알고리즘이라는 것이 있다. 페이스북의 알고리즘은 나와 친구로 연결되어 있거나 팔로우 관계에 있는 사람들이 좋아하는 뉴스를 나도 좋아할 것이라고 보고 타임라인에 올려준다. 반면 나와 취향이 다르거나 정치적 입장이 다른 사람들이 볼 법한 뉴스는 배제된다. 구글 역시 광고 판매를 위해 이용자들의 검색 기록을 지속적으로 추천하는 알고리즘을 갖고 있다. 이 모든 것이 축적되어 알고리즘 내에서 개인별 추천 모델을 갖게 된다. 그 결과 보수적이냐 진보적이냐에 따라 서로 다른 관점의 뉴스를 주로 소비하게 된다.

우리는 소셜미디어를 이용해 원하는 뉴스를 쉽게 볼 수 있게 되긴 했지만, 점점 비슷비슷한 관점의 뉴스만 접하게 되어 균형 감각을 상실할 위험이 커졌다. 최근 각 나라마다 정치적 성향이 극단화되는 경향의 원인을 이런 뉴스 소비의 양극화에서 찾는 사람들도 많다. 우리는 똑같이 스마트폰을 들고 페이스북을 이용하고 트위터를 즐기고 있지만, 저마다 소비하고 있는 뉴스는 서로 다르다. 이제는 누구도 같은 뉴스를 보고 있다고 장담할 수 없다. 다른 사람들이 어떻게 생각하는지 서로 신경 쓰지 않는 사회는 결코 건강한 사회가 아니다. 이런 나라에서 진정한 민주주의는 불가능할지도 모른다. 이는 소셜미디어가 불러온 가장 큰 부작용이라고 볼 수 있다. 그렇다면 뉴스를 모아 공급하는 플랫폼이나 포털사이트들이 뉴스를 직접 편집해서 사람들에게 다양한 관점을 제시하면 되지 않을까. 사실 신문사

신문이나 TV, 라디오 방송은 자신들이 고용한 기자들을 통해 직접 비용을 들여 취재한 뉴스를 자체 배달망을 통해 전달했다. 뉴스에 가치를 매기고 이를 어떤 크기로 어떻게 보도할지 결정하는 것이 신문사와 방송사 편집자들의 일이었다. 반면 포털이나 플랫폼의 사업자들은 다양한 뉴스를 전달하고 기계적으로 유통하기는 하지만, 스스로 판단할 의지는 없다. 포털과 소셜미디어는 한사코 자신들은 언론이 아니라는 입장을 고수한다. 딜레마는, 더욱 많은 사람들이 이들 플랫폼을 통해 뉴스를 접하기 때문에, 이들이 막강한 영향력을 갖고 있지 않다고 말할 수도 없다는 점이다.

편집국이나 방송사 보도국에서 하는 일이 바로 이런 것이다. 기자들을 고용해 취재하는 것도 중요한 일이지만, 뉴스에 가치를 매기고 이를 어떤 크기로 어떻게 보도할지, 1시간짜리 심층물로 할지 30초짜리 단신으로 처리할지 결정하는 것이 신문사와 방송사 편집자들의 일이었다.

플랫폼 사업자들은 결코 이를 원하지 않는다. 직접 뉴스를 편집하는 것은 상당한 위험 부담을 떠안는 일일 수밖에 없는데, 이 편집 과정이 바로 저널리즘의 본질이기 때문이다. 저널리즘은 누군가를 비판하는 경우도 많다. 포털이나 플랫폼 사업자들은 다양한 뉴스를 전달하고 기계적으로 유통하기는 하지만, 스스로 판단할 의지는 없다. 네이버나 페이스북 등의 포털과 소셜미디어는 한사코 자신들은 언론이 아니라는 입장을 고수한다. 딜레마는, 더욱 많은 사람들이 이들 플랫폼을 통해 뉴스를 접하기 때문에, 이들이 막강한 영향력을 갖고 있지 않다고 말할 수도 없다는 점이다. 심지어 요즘은 소셜미디어에서 여론 조작이 벌어지고 있다는 의혹마저 대거 제기되고 있다.

가짜뉴스의 시대

플랫폼 사업자들이 여론에 직접 개입하지는 않는다고 하더라도, 이 플랫폼을 이용하는 많은 플레이어들은 영향력을 높이기 위해 알고리즘을 활용하는 법을 익히기 시작했다. 플랫폼상에서 영향력을 확대하기 위한 만인 대 만인의 싸움이 시작된 것이다. 여기에는 국경도 없고, 누구는 되고 누구는 안 된다는 자격 제한도 없다. 미국에선 이미 러시아 정보기관이 소셜미디어를 이용해 미국 국내 정치에 개입하면서 큰 골칫거리가 되었다. 이른바 '가짜뉴스'를 둘러싼 논란이다. 이 때문에 구글, 페이스북, 트위터가 민주주의를 위협하고 있다는 말까지 나오고 있다.

사람들은 건전한 뉴스보다 부정적인 뉴스를 더 많이 소비하는 경향을 보인다. 이는 어쩔 수 없는 인간의 본성인데, 진화심리학자들은 인간이 본능적으로 부정적인 정보에 귀를 기울이도록 진화해왔기 때문이라고 본다. 예를 들어 누군가 '숲에 호랑이가 있다'고 위험을 경고했을 때 이 목소리에 귀 기울인 사람들은 살아남았을 것이고 이를 무시한 사람들은 목숨을 잃었을 것이다. 비록 그것이 허위 사실이라 하더라도 '과장된' 위험 신호를 믿어서 크게 손해 볼 일은 없다. 이처럼 수많은 위협에 대처하는 과정에서 위험을 담은 부정적인 신호에 반응해 지금까지 살아남은 것이 현재 지구상에서 살아가는 인류의 조상이라는 얘기다. 즉 인간은 부정적인 뉴스에 솔깃하도록 프로그래밍된 존재라는 것이다.

2017년 미국 상원 법사위원회 청문회에는 구글, 페이스북, 트위터 법률 책임자 세 명이 나란히 불려 나왔다. 이곳에서 이들은 자사 서비스를 통해 인종차별과 공권력에 대한 분노 등 허위 선동을 조장한 게시물이 집중 유포된 정황에 대해 증언했다. 린지 그레이엄 상원의원은 이를 "21세기 국가 안보에 대한 위협"이라고 규정했다.

반면 페이스북, 트위터, 구글 유튜브 측은 자신들은 플랫폼 사업자로서 이용자들이 올린 콘텐츠를 전파하는 통로 역할을 했을 뿐 콘텐츠 내용에 대해선 책임질 수 없다고 강변했다. 이 논쟁은 아직 끝나지 않았다. 페이스북의 경우 러시아의 친정부 성향 조직인 인터넷리서치에이전시(IRA) 보유 계정을 통해 2015년 1월부터 2017년 8월까지 가짜 게시물 8만여 건이 유통된 것으로 나타났다. 이 게시물들을 직접 받은 이용자는 2900만 명이며, 최대 1억 2600만 명에게 게시물들이 노출된 것으로 추정된다. 이는 미국 전체 유권자의 절반에 맞먹는 수준이다. 러시아와 연계된 세력은 페이스북에서 '텍사스의 심장' '흑인주의' '무슬림 연합' 같은 계정을 운영하며 이민자 폭력 등을 조장하는 게시물을 집중적으로 올려온 것으로 드러났다. 놀랍게도, 페이스북에서 자신들의 신분을 숨기고 특정한 견해를 유포하는 것이 가능해진 것이다. 심지어 이들은 흑인 인권운동 단체와 백인 우월주의 단체처럼 서로 정반대되는 성향의 단체들이 같은 시간 같은 장소에서 집회를 열도록 유도해 물리적 충돌을 유발하기까지 했다. 이를 근거로 마르코 루비오 공화당 상원의원은 "러시아의 의도는 미국 사회를 혼란에 빠트리는 것"이라고 주장했다.

트위터 역시 청문회 직전에 러시아가 관리해온 계정 2752개를 확인했으며, 러시아의 트윗봇(자동으로 트윗을 올리는 프로그램) 3만

6000개가 2016년 미국 대통령 선거 기간에 약 140만 개의 게시물을 작성한 것으로 나타났다. 구글의 경우, 러시아와 관련된 총 48시간 분량의 유튜브 영상 1108개를 확인했다. 「뉴욕타임스」는 "이 게시물들은 인종·이민 문제처럼 미국 사회의 근간을 흔드는 민감한 문제를 제기해 정치적 불화를 조장하고 있다"면서 "페이스북과 트위터가 운영하는 소셜미디어와 구글의 유튜브를 통한 여론 조작 규모가 상상했던 것 이상"이라고 지적했다. 이런 일이 벌어지는 것은 플랫폼 사업자들이 자사 광고를 판매하기 위해 만들어놓은 알고리즘 때문이다. 예를 들어서, 내용에는 상관없이 사람들이 관심 있게 보는 자극적이고 선정적인 정보일수록 널리 퍼지도록 설계되어 있는 알고리즘이 문제라는 것이다.

 오로지 돈벌이를 위해서 가짜뉴스를 만들어 올리는 사람도 많다. 미국 도널드 트럼프 대통령이 선출되는 과정에서 가장 영향력이 컸던 가짜뉴스인 '프란치스코 교황, 트럼프 지지' 기사는 마케도니아의 한 마을 젊은이들이 돈을 벌려고 만든 것이었다. 이들은 구글 번역기를 돌려 어설픈 영어로 뉴스를 만들었지만, 미국의 페이스북 이용자들이 이 뉴스를 공유할 때마다 이들의 계좌에는 차곡차곡 광고료가 쌓였다. 마케도니아, 조지아 같은 동유럽 지역에 '월드폴리티쿠스닷컴' '데일리인터리스팅씽즈' 같은 영문 사이트가 100여 개나 등록되어 있다는 것이 말이 되는가. 이들 가짜뉴스 공장(fake news factory)에서 'FBI, 2017년 힐러리 클린턴 기소' '멕시코, 트럼프 당선

되면 국경 폐쇄' 같은 미국 대선 정국을 뒤흔든 뉴스들이 쏟아져 나왔다. 조작자들은 미국 사람들이 좋아할 만한 이슈를 고르고 진짜 뉴스 사이트를 뒤져 구미에 맞는 기사나 블로그, 유머 글을 골라낸 뒤 구글 번역기를 돌려 내용을 파악했다. 여기에 교황이 트럼프를 지지했다는 등의 가짜 소식을 넣어 기사를 만든 뒤 이를 다시 영어로 번역해 기사로 올렸다. 서툰 영어로 엉성하게 만든 기사라도 제목만 화끈하면 사람들이 클릭했고, 일정 조회 수 이상 클릭이 발생하면 구글은 광고비를 지불했다. 그 결과 한 18세 소년은 넉 달 만에 약 1만 6000달러를 벌었다. 미국에서 보면 큰돈이 아닐 수도 있지만, 직장인 평균 월급이 327달러인 마케도니아에선 매우 큰돈이다.

가짜뉴스가 국경을 넘는 것은 미국만의 이야기는 아니다. 우리나라 연예인 관련 가짜뉴스 중 상당수는 중국에서 생산되는 것으로 알려졌다. 특히 중국은 정치·외교 뉴스 검열이 심하기 때문에 상대적으로 연예 관련 가짜뉴스가 많다. 중국은 인터넷 이용자가 10억 명이 넘기 때문에 조금만 화제가 돼도 큰돈을 만질 수 있다. 이들이 한국 정치 상황에 개입하지 말라는 법도 없다. 사실 러시아나 동유럽 사람들이 낯선 영어를 익혀 가짜뉴스를 만드는 것보다, 우리와 유사한 문화권인 북한이나 중국 사람들이 한국어 가짜뉴스를 만드는 게 훨씬 쉽지 않겠는가. 이 모든 웃지 못할 일들이 통신 기술의 발달에 따라 확산하고 있다는 점이 아이러니하다. 가짜뉴스를 막을 수 있는 신기술을 내놓는 것이 IT 기업들의 새로운 도전 과제가 되었다.

최첨단 5G까지 온 이동통신 기술

한국은 2019년에 본격적인 5세대 이동통신 시대를 연다. 스마트폰을 통해 사람과 사람을 연결하고 고화질 영화까지 순식간에 주고받는 4세대 이동통신을 넘어, 5세대에선 휴대전화 사이뿐만이 아니라 휴대전화와 다른 기기들, 예를 들어 각종 가전 기기와 심지어 자동차까지 실시간 연결되어 움직이는 세상을 만들어간다. 이른바 사물인터넷으로, 사람과 사람을 넘어, 사물과 사물이 통신하는 시대가 열리고 있다.

5세대 이동통신은 기지국 자체가 거대한 컴퓨터가 되어 도로 위를 달리는 자율주행차를 제어하고 산업용 로봇, 드론 등을 관제하는 수준까지 올라가게 된다. 이를 위해선 현재 LTE보다 20~100배 빠른 속도로 데이터를 전송해야 한다. 5세대 이동통신 서비스를 제대로 구현하기 위해선 첫 상용 서비스를 도입한 이후 5~6년의 시간이 더 필요할 것으로 보는 사람이 많다. 자율주행차나 산업용 로봇, 수술용 로봇 같은 것을 제어하기 위해선 데이터 송수신 과정에서 발생하는 '지연 시간(latency)'도 거의 0에 가깝게 낮춰야 한다.

신호가 이동하는 동안에 발생하는 지연 시간으로 인해, 전화는 신호를 보내는 쪽과 받는 쪽 사이에 항상 시간 차이가 존재할 수밖에 없었다. 일반적으로 통화에선 0.1초 이내 지연 시간은 아무 문제가 없는 것으로 받아들여진다. 그러나 이동통신 기술을 이용해 차량을 제어하고 수술 등 의료 행위를 할 때는 이야기가 달라진다. 현재 LTE 이동통신 기술의 지연 시간은 0.04~0.05초. 5세대 이동통신은 이를 0.001초 이하로 낮춰야 한다. 두 통신망은 용도가 다르기 때문이다. LTE는 음성이나 메시지 동영상을 주고받는 반면, 5세대 통신망은 자동차나 드론을 제어한다. 예를 들어 시속 100킬로미터로 달리는 자율주행차가 전방 장애물을 발견하고 멈춰야 하는데, 지연 시간이 LTE와 같은 0.04초라면, 차량은 그사이에 1미터 이상을 이동하게 된다. 장애물을 발견하고 정지 명령을 내리는 사이에 1미터 이상을 이동했다가는 자칫 사고가 발생할 수 있다. 하지만 지연 시간이 0.001초면 이 거리를 2.8센티미터까지 줄일 수 있다. 5세대 이후 통신기술은 이 속도를 줄이는 데 모든 역량이 집중될 것이다. 사실 5세대라는 명칭은 이 속도를 높이고자 데이터가 다니는 통로를 기술상 넓혔기 때문에 붙인 말이다. 통신에서 속도는 동일한 시간에 보낼 수 있는 데이터 전송량을 의미하는데, 이동통신사들은 이를 위해 LTE보다 훨씬 넓게 쓸 수 있는 주파수 대역을 골라 서비스를 시작할 것이다.

인터넷보다 빨랐던 비둘기, 이를 닮은 드론

우리는 지금 인터넷을 정말 물처럼 쓴다. 브로드밴드(광대역) 인터넷과 초고속 LTE 무선 인터넷이 널리 보급돼 있기 때문이다. 하지만 이 속도는 지역마다 나라마다 큰 차이가 있다. 때로는 인터넷이 원시적인 통신수단보다 속도가 느린 웃지 못할 일도 생긴다.

2009년 9월 남아프리카공화국의 한 텔레마케팅 회사는 별난 실험을 했다. 자체 콜센터를 운영하던 이 회사의 직원들은 느려터진 인터넷 속도 때문에 불만이 많았다. 이들은 그 불편이 얼마나 큰지 많은 사람들에게 알리고 싶었다. 그래서 가장 고전적인 통신수단인 비둘기와 인터넷의 정보 전달 속도를 겨루는 실험을 했다.

이 회사는 윈스턴이라는 이름의 생후 11개월 된 비둘기를 빌려, 발목에 약 4기가바이트의 메모리카드를 묶어 날려 보냈다. 이와 동시에 같은 양의 데이터를 인터넷으로 전송했다. 전송 거리는 이들이 있는 지역 사무소에서 본사가 위치한 더반까지 약 80킬로미터. 비둘기는 2시간 6분 47초 만에 메모리카드를 전달했다. 같은 시각, 컴퓨터는 전체 전송량의 4퍼센트에 불과한 100메가바이트 분량을 겨우 보낸 상태였다. 이 회사가 비둘기를 하루 빌리는 대가로 주인에게 지불한 돈은 1랜드(한화 160원)였다. 반면, 통신회사의 인터넷망 이용료는 장비 임대 비용까지 포함할 경우 월 1000랜드(한화 16만 원) 정도가 들었다.

고대의 '비둘기 통신' 전서구(傳書鳩)가 인터넷을 앞설 수도 있다는 점은 시사하는 바가 크다. 정보는 속도와 양이 모두 중요하다. 예를 들어 과거에 긴급 통신수단이었던 봉수대는 일종의 '재난망'으로서, 속도는 빨랐지만 사전에 약속된 몇 가지 신호(햇불의 개수, 연기 피우는 양 등)만 전달할 수 있었다. 예컨대 외적이 침략했을 때도 침략했다는 사실, 병력의 규모 정도나 전할 수 있을 뿐이었다. 요즘으로 치면 정보이 양이 한정되어 있었던 것. 그보다 자세한 이야기는 결국 편지에 담아 보내야 했다.

편지를 전달하는 데는 파발이나 비둘기가 사용되었다. 물론 사람이 들고 뛰는 방법도 있었다. 그런데 전시에 길이 끊기면 사람이나 말은 가로질러 갈 수도 없고, 적진을 뚫고 가다가 자칫 편지를 잃어버릴 염려도 있었다. 이 때문에 전서구는 예부터 사랑받아왔다. 방향감각과 귀소본능이 뛰어나고 장거리 비행 능력이 좋은 특정 종의 비둘기를 골라 전서구로 훈련시켰다. 기원전 4000년경에 이미 중동 지방에서 사육되었고, 기원전 3000년경에는 이집트의 어선들이 통신에 이용했다는 기록이 있다.

비둘기 통신은 귀소본능을 이용했기 때문에, 메시지를 보내는 사람은 받는 사람의 집에서 키운 비둘기를 갖고 있다가 얇은 종이에 쓴 편지를 돌돌 말아 비둘기의 다리에 매단 작은 통에 담아 보내는 방식으로 이용했다. 1897년에는 뉴질랜드의 오클랜드에서 접근이 쉽지 않은 섬 지역에 우편물을 전달하는 서비스에 쓰이기도 했다. 이 비둘기가 전한 우편물의 봉투에는 요즘의 항공우편처럼 '에어메일(airmail)'이라는 스탬프가 찍혀 있었다.

유무선통신 기술을 경쟁적으로 활용했던 2차대전 때도 전서구

유무선통신 기술을 경쟁적으로 활용했던 2차대전 때도 전서구는 사랑받았다. 도청을 피할 수 있는 안전한 통신수단이었기 때문이다. 유럽에서 2차대전을 끝낸 결정적 계기가 되었던 노르망디 상륙작전을 앞두고, 연합군은 독일군 점령 지역 정보를 정확하게 파악해 사전 공습한 뒤 노르망디에 들어왔다. 이때 비둘기들이 독일군 점령 지역의 정보를 런던으로 날랐다고 한다. 비둘기는 약 75그램 정도의 물건을 장착하고 날 수 있어 항공 촬영용 카메라를 묶어 날린 경우도 있었다. 요즘으로 치면 소형 드론에 카메라를 달아 사진을 찍는 것처럼 활용한 것이다.

는 사랑받았다. 도청을 피할 수 있는 안전한 통신수단이었기 때문이다. 유럽에서 2차대전을 끝낸 결정적 계기가 되었던 노르망디 상륙 작전을 앞두고, 연합군은 독일군 점령 지역 정보를 정확하게 파악해 사전 공습한 뒤 노르망디에 들어왔다. 이때 비둘기들이 독일군 점령 지역의 정보를 런던으로 날랐다고 한다. 연합군은 독일군이 점령하고 있는 지역의 스파이들에게 런던에 둥지를 갖고 있는 비둘기 수백 마리를 미리 나눠줬다고 한다. 비둘기는 약 75그램 정도의 물건을 장착하고 날 수 있어 항공 촬영용 카메라를 묶어 날린 경우도 있었다. 요즘으로 치면 소형 드론에 카메라를 달아 사진을 찍는 것처럼 활용한 것이다. 요즘 생산되는 드론은 무선조종기와 멀어져 통신이 끊길 경우 사전에 입력된 GPS상의 위치로 자동으로 돌아올 수 있도록 프로그래밍한다는데, 이는 드론에 귀소본능을 부여한 것이나 마찬가지다. 이처럼 기술이 발전해도 그 원리 자체는 실상 변하지 않은 것이 꽤 많다.

우리 앞에 펼쳐질 세상

우리는 이제 4차 산업혁명의 시대로 접어들고 있다. 디지털 기술은 혁명적 진화를 거듭해 인공지능이 사람의 암을 진단하고, 가정용 로봇이 집 안에서 사람들을 돕는 세상이 도래했다. 5세대로 진화하고 있는 통신망을 이용해 모든 사물이 인터넷으로 연결되기 시작했다. 클라우드라 불리는 서버는 세상 곳곳에 부착된 센서를 통해 정보를 무수히 읽어들이고, 이를 빅데이터로 분석해 세상에 다시 돌려준다. 자율주행차와 드론은 땅과 하늘을 누빌 것이다. 그리고 이 모든 것들을 연결하는 통신망은 나날이 강해지고 촘촘해지고 빨라지고 있다.

디지털혁명은 60여 년 전 미국 서부 실리콘밸리로 모여든 청년 과학자들이 세상의 변화를 읽고 자기들 힘으로 반도체를 대량생산할 수 있는 공장을 만들면서 비롯됐다. 미국 서부 대개척의 전초기지였던 샌프란시스코는 이후 전 세계 디지털혁명의 전진기지가 되었다. 매년 초에 미국 라스베이거스에서 열리는 세계 최대 IT 전시회인 CES는 더 이상 IT 업체들만의 잔치가 아니다. 고정 멤버인 가전회사들이나 통신회사, 반도체기업뿐만 아니라 지금은 바이오, 자동차, 식품, 유통, 건설 등 인간의 의식주와 관련된 거의 모든 업종의 기업들이 이곳에 모여들어 새로운 기술을 뽐내고 있다. 바야흐로 디지털혁명이 산업의 전 분야로 파급되면서 벌어지는 일이다. 예컨대 전기자동차가 도입되면 차는 이제 내연기관이 아니라 전자 기기로 불려야 할 것이고, 3D 프린트를 이용해 집을 짓고 센서로 이를 제어하는 기술이 나오면 IT 업체가 건설업도 벌여야 할 것이다.

우리 일상에 불어닥치고 있는 이 거대한 변화가, 180여 년 전 대서양을 건너던 여객선 위에서 사무엘 모스가 전기의 속성을 이용해 신호를 전달하는 법을 떠올렸던 그 번뜩이는 순간에 시작되었음을 생각하면 아득한 느낌이 든다. 전파의 발견, 백열전구에서 아이디어를 얻은 진공관, 그 뒤를 이은 반도체에 이르기까지 마치 무슨 시나리오가 있기라도 한 것처럼 이어진 일련의 발명들. 이것이 사실은 인간이 문제를 해결하고 호기심을 풀기 위해 도전하는 과정에서 만들어진 각본 없는 드라마임을 생각하면 얼마나 경이로운가.

태양계를 벗어난 뉴허라이즌스호는 우주 통신을 가능하게 해주는 초고주파로 지구 위의 우리와 '연결'되어 있다. 뉴허라이즌스호가 어떤 소식을 전해올 것인지를 생각하고, 우리 아이들과 그 아이들의 아이들이 살아갈 세상에선 어떤 기기와 기술을 사용할지 생각하는 것만으로도 설레고 아득하고 가슴이 뛴다.

주 석

참고문헌

: 주석 :

1장 연결의 시대가 시작되다

1) 김우룡·김해영, 『통신의 역사, 봉수에서 아이폰까지』, 커뮤니케이션북스, 2015, 28쪽 참조
2) 제임스 글릭, 『인포메이션』, 박래선·김태훈 옮김, 동아시아, 2016, 204쪽 참조
3) 마셜 밴 앨스타인·상지트 폴 초더리·제프리 파커, 『플랫폼 레볼루션』, 이현경 옮김, 부키, 2017, 59쪽 참조
4) 김우룡·김해영, 앞의 책, 56~61쪽 참조
5) 제임스 글릭, 앞의 책, 205쪽 참조
6) 같은 책, 213쪽 참조
7) 같은 책, 213쪽 참조
8) 같은 책, 220쪽 참조
9) 마셜 매클루언, 『미디어의 이해』, 박정규 옮김, 커뮤니케이션북스, 2001, 285~286쪽 참조
10) 같은 책, 285~287쪽 참조
11) 김우룡·김해영, 앞의 책, 10~11쪽 참조
12) 톰 스탠디지, 『소셜 미디어 2000년』, 노승영 옮김, 열린책들, 2015, 48~52쪽 참조
13) 김우룡·김해영, 앞의 책, 3~8쪽 참조

2장 전기, 소리를 실어 나르다

1) 스티븐 존슨, 『우리는 어떻게 여기까지 왔을까』, 강주헌 옮김, 프런티어, 2015, 109~110쪽 참조
2) 김경화, 『세상을 바꾼 미디어』, 다른, 2013, 88~90쪽 참조
3) 같은 책, 87~88쪽 참조
4) 같은 책, 70쪽 참조
5) 게리 S. 크로스·로버트 N. 프록터, 『우리를 중독시키는 것들에 대하여』, 김승진 옮김, 동녘, 2016, 201쪽 참조
6) 빌 브라이슨, 『여름, 1927, 미국』, 오성환 옮김, 까치, 2014, 87쪽 참조
7) Willam Grimes, 'Great "Hello" Mystery Is Solved', 「뉴욕타임스」, 1992년 3월 5일 참조

3장 무선의 시대로

1) 마셜 매클루언, 앞의 책, 284쪽 참조
2) 핼리팩스는 군항으로, 타이태닉호 침몰 사고 당시 대서양 항로에 가장 빠르게 접근할 수 있는 주요 항구였다. 현재 핼리팩스 시립묘지에는 타이태닉호 희생자 일부의 유해가 안장되어 있고, 핼리팩스 애틀랜틱 해양박물관에는 타이태닉호 관련 유물이 전시되어 있다.
3) 데이비드 크라울리·폴 헤이어 엮음, 『인간 커뮤니케이션의 역사』, 김지운 옮김, 커뮤니케이션북스, 2012, 457쪽 참조
4) 마셜 매클루언, 앞의 책, 286~287쪽 참조
5) http://sparkmuseum.com/BOOK_HERTZ.HTM 참조
6) 한국전파진흥원 엮음, 『반갑다 전파야』, 휴먼비즈니스, 2009, 19쪽 참조

7) 이시이 다다시, 『세계를 바꾼 발명과 특허』, 이해영 옮김, 기파랑, 2015, 93~94쪽 참조

8) 김경화, 앞의 책, 82쪽 참조

9) 스티븐 존슨, 앞의 책, 131~134쪽 참조

10) 김은규, 『라디오 혁명』, 커뮤니케이션북스, 2013, 19쪽 참조

11) 마셜 매클루언, 앞의 책, 354쪽 참조

12) 이시이 다다시, 앞의 책, 105쪽 참조

13) 스티븐 존슨, 앞의 책, 136~139쪽 참조

14) 마셜 매클루언, 앞의 책, 322쪽 참조

15) 무로오카 요시히로, 『전기란 무엇인가』, 편집부 옮김, 전파과학사, 1995, 161~162쪽 참조

4장 통신 기술이 만든 현대사회

1) 톰 스탠디지, 앞의 책, 48~52쪽 참조

2) 같은 책, 61쪽 참조

3) 같은 책, 42~43쪽 참조

4) 제임스 글릭, 앞의 책, 207쪽 참조

5) 스티븐 존슨, 앞의 책, 122~124쪽 참조

6) 존 거트너, 『벨 연구소 이야기』, 정향 옮김, 살림출판사, 2012, 36~37쪽 참조

7) 이재구, 『IT 천재들』, 미래의창, 2011, 36쪽 참조

8) 같은 책, 41~42쪽 참조

9) 주동혁, 『세상을 바꾼 과학 기술자들』, 지성사, 2016, 77~78쪽 참조

10) 제임스 글릭, 앞의 책, 215~216쪽 참조

11) 스티븐 존슨, 앞의 책, 128~129쪽 참조
12) 존 거트너, 앞의 책, 175쪽 참조
13) 스티븐 존슨, 앞의 책, 129~130쪽 참조
14) 리처드 로즈, 『수소폭탄 만들기』, 정병선 옮김, 사이언스북스, 2016, 424쪽 참조

5장 이동전화화하는 인간

1) 조지 마이어슨, 『하이데거, 하버마스, 그리고 이동전화』, 김경미 옮김, 이제이북스, 2003, 12~25쪽 참조

: 참고 문헌 :

- 강준만, 『미국은 드라마다』, 인물과사상사, 2014
- 김경화, 『세상을 바꾼 미디어』, 다른, 2013
- 김대식, 『김대식의 인간 vs 기계』, 동아시아, 2016
- 김상욱, 『김상욱의 과학공부』, 동아시아, 2016
- 김우룡·김해영, 『통신의 역사, 봉수에서 아이폰까지』, 커뮤니케이션북스, 2015
- 김은규, 『라디오 혁명』, 커뮤니케이션북스, 2013
- 이기열, 『정보통신 역사기행』, 북스토리, 2006
- 이병섭, 『통신 역사』, 커뮤니케이션북스, 2013
- 이승원, 『사라진 직업의 역사』, 자음과모음, 2011
- 이재구, 『IT 천재들』, 미래의창, 2011
- 정지훈, 『거의 모든 인터넷의 역사』, 메디치미디어, 2014
- 조맹기, 『커뮤니케이션의 역사』, 서강대학교출판부, 2004
- 주동혁, 『세상을 바꾼 과학 기술자들』, 지성사, 2016
- 최진연, 『옛 이동통신 봉수』, 강이, 2014
- 한국전파진흥원 엮음, 『반갑다 전파야』, 휴먼비즈니스, 2009
- KT홍보실·라이크컴퍼니편집부, 『통하다 톡하다』, 라이크컴퍼니, 2015

- 게리 S. 크로스·로버트 N. 프록터, 『우리를 중독시키는 것들에 대하여』, 김승진 옮김, 동녘, 2016

- 네이트 실버, 『신호와 소음』, 이경식 옮김, 더퀘스트, 2014
- 데이비드 보더니스, 『일렉트릭 유니버스』, 김명남 옮김, 생각의나무, 2005
- 데이비드 크라울리·폴 헤이어 엮음, 『인간 커뮤니케이션의 역사』, 김지운 옮김, 커뮤니케이션북스, 2012
- 루이스 다트넬, 『지식』, 강주헌 옮김, 김영사, 2016
- 리처드 로즈, 『수소폭탄 만들기』, 정병선 옮김, 사이언스북스, 2016
- 마리나 고비스, 『증폭의 시대』, 안진환·박슬라 옮김, 민음사, 2015
- 마사타카 노부오, 『휴대폰을 가진 원숭이』, 박애란 옮김, 유레카북스, 2004
- 마셜 매클루언, 『미디어는 마사지다』, 김진홍 옮김, 커뮤니케이션북스, 2001
- 마셜 매클루언, 『미디어의 이해』, 박정규 옮김, 커뮤니케이션북스, 2001
- 마셜 밴 앨스타인·상지트 폴 초더리·제프리 파커, 『플랫폼 레볼루션』, 이현경 옮김, 부키, 2017
- 마스카와 도시히데, 『과학자는 전쟁에서 무엇을 했나』, 김범수 옮김, 동아시아, 2017
- 마이클 해리스, 『잠시 혼자 있겠습니다』, 김병화 옮김, 어크로스, 2018
- 마틴 포드, 『로봇의 부상』, 이창희 옮김, 세종서적, 2016
- 무로오카 요시히로, 『전기란 무엇인가』, 편집부 옮김, 전파과학사, 1995
- 미첼 모피트, 그레그 브라운, 『기발한 과학책』, 임지원 옮김, 사이언스북스, 2016
- 볼프강 쉬벨부쉬, 『철도 여행의 역사』, 박진희 옮김, 궁리, 1999
- 빌 브라이슨, 『여름, 1927, 미국』, 오성환 옮김, 까치, 2014
- 빌 스트리버, 『바람의 자연사』, 김정은 옮김, 까치, 2018

- 사이먼 가필드, 『거의 모든 시간의 역사』, 남기철 옮김, 다산초당, 2018
- 슈테판 츠바이크, 『광기와 우연의 역사』, 안인희 옮김, 자작나무, 1996
- 스티븐 컨, 『시간과 공간의 문화사 1880~1918』, 박성관 옮김, 휴머니스트, 2004
- 스티븐 존슨, 『우리는 어떻게 여기까지 왔을까』, 강주헌 옮김, 프런티어, 2015
- 알베르트 슈페어, 『알베르트 슈페어의 기억』, 김기영 옮김, 마티, 2016
- 애비 스미스 럼지, 『기억이 사라지는 시대』, 곽성혜 옮김, 유노북스, 2016
- 에드워드 윌슨, 『인간 존재의 의미』, 이한음 옮김, 사이언스북스, 2016
- 요시미 슌야, 『소리의 자본주의』, 송태욱 옮김, 이매진, 2005
- 월터 아이작슨, 『스티브 잡스』, 안진환 옮김, 민음사, 2011
- 이시이 다다시, 『세계를 바꾼 발명과 특허』, 이해영 옮김, 기파랑, 2015
- 제리 카플란, 『인간은 필요 없다』, 신동숙 옮김, 한스미디어, 2016
- 제임스 글릭, 『인포메이션』, 박래선·김태훈 옮김, 동아시아, 2016
- 제임스 배럿, 『파이널 인벤션』, 정지훈 옮김, 동아시아, 2016
- 제프 콜빈, 『인간은 과소평가 되었다』, 신동숙 옮김, 한스미디어, 2016
- 조 지무쇼, 『30가지 발명품으로 읽는 세계사』, 고원진 옮김, 시그마북스, 2017
- 조지 마이어슨, 『하이데거, 하버마스, 그리고 이동전화』, 김경미 옮김, 이제이북스, 2003
- 조지 L. 모스, 『대중의 국민화』, 임지현·김지혜 옮김, 소나무, 2008
- 존 거트너, 『벨 연구소 이야기』, 정향 옮김, 살림출판사, 2012
- 클라우스 슈밥 외 26인, 『4차 산업혁명의 충격』, 김진희·손용수·최시영 옮김, 흐름출판, 2016
- 토마스 프리드먼, 『늦어서 고마워』, 장경덕 옮김, 21세기북스, 2017

- 톰 스탠디지, 『소셜 미디어 2000년』, 노승영 옮김, 열린책들, 2015
- 폴 로버츠, 『근시사회』, 김선영 옮김, 민음사, 2016
- 프랭크 파스콸레, 『블랙박스 사회』, 이시은 옮김, 안티고네, 2016
- 피터 타운센드, 『과학자도 모르는 위험한 과학기술』, 김종명 옮김, 동아엠앤비, 2018
- 헨리 페트로스키, 『이 세상을 다시 만들자』, 최용준 옮김, 지호, 1998

- Adams, Mike, *Lee de Forest: King of Radio, Television, and Film*, Springer, 2012
- Davis, L. J., *Fleet Fire: Thomas Edison and the Pioneers of the Electric Revolution*, Arcade Publishing, 2003
- Douglas, Susan J., *Listening in: Radio and the American Imagination*, University of Minnesota, 1999
- Martin, Michele, *Hello, Central?: Gender, Technology, and Culture in the Formation of Telephone Systems*, McGill-Queen's University Press, 1991
- Maurine, Weiner Greenwald., *Women, War, and Work*, Cornell University Press, 1980
- Pool, Ithiel de Sola, *Politics in Wired Nations*, Transaction Publisher, 1998
- Standage, Tom, *The Victorian Internet: The Remarkable Story of the Telegraph and the Nineteenth Century's On-Ling Pioneers*, Walker & Co., 1998
- Wallis, Eileen V., *Earning Power, Women and Work in Los Angeles 1880-1930*, University of Nevada Press, 2010

- Watson, Thomas A., *How Bell Invented the Telephone*, Transactions of the American Institute of Electrical Engineers. Volume: XXXIV, Issue: 1, 1915

:: 웹사이트

- 초기 전신 및 무선 기술 개발 과정: www.sparkmuseum.com
- 재즈에 관한 마틴 루터 킹의 언급 관련: https://www.youtube.com/watch?v=HTFWl7iRJBE
- 통화 인사말 'Hello'의 기원 관련: www.nytimes.com/1992/03/05/garden/great-hello-mystery-is-solved.html
- 벨 연구소에 관한 빌 게이츠의 언급: biz.chosun.com/site/data/html_dir/2016/11/04/2016110402332.html